The Research of the Gardens in Tuscany Italy

上海市设计学 IV 类高峰学科资助项目
项目名称：意大利托斯卡纳园林艺术
编号：1400121003/056（子项目）

意大利托斯卡纳园林艺术

李云鹏　著

The Research of the Gardens in Tuscany Italy

中国建筑工业出版社

目录

第八章　托斯卡纳园林与现代景观设计的关系和艺术应用

第九章　结论

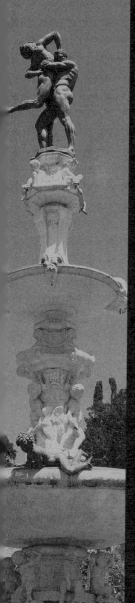

1

第一章

绪　论

1.1　课题起源

　　文艺复兴时期的意大利托斯卡纳园林是结合了文艺复兴时期的文学、宗教、绘画、建筑、雕塑、工程等多种门类形成的综合性园林，是意大利文艺复兴园林的开端，对法国古典主义园林的形成和发展产生了巨大的影响。

　　由于历史的原因，意大利每个地区的地域特征和文化特征都是不同的，在社会的变革和时代的进步下它们互相影响却又保持着不同的风格特征。作为文艺复兴发源地的托斯卡纳地区有着独特的文化魅力。大区的首府佛罗伦萨是意大利文艺复兴的摇篮，在美第奇家族的统治下城市和园林的建设取得了极大的进步和突破，艺术家们将人文主义思想融入文艺复兴园林的建设中，形成了独具特色的托斯卡纳园林风格，并影响了周边国家的造园文化。至今意大利托斯卡纳地区的园林艺术依然是许多现代景观设计师创作的源泉。

　　为了能够清晰、准确地理解意大利托斯卡纳园林的特点，获得该地区园林的第一手资料，笔者于2016年跟随导师前往意大利佛罗伦萨、罗马、米兰、卢卡、锡耶纳等地，对意大利文艺复兴时期的园林进行实地调研考察，访问了埃斯特庄园（Villa d'Este）、波波利花园（Boboli Gardens）、法尔尼斯庄园（Villa Farnese）、伽佐尼花园（Giardino Garzoni）、冈贝拉伊亚庄园（Villa Gamberaia）、兰特庄园（Villa Lante）、阿尔多布兰迪尼庄园（Villa Aldobrandini）、曼西庄园（Villa Mansi）等著名园林，并对托斯卡纳区域内的地理条件、气候环境，以及影响园林发展的各种因素进行实地调查、分析和研究，了解该地区独特的地域文化，探寻影响园林发展的因素。

　　这次激动人心的行程使我改变了对意大利园林只停留在书本和图片的浅层次的认识，内心深深地被充满秩序与和谐的园林所震撼。意大利文艺复兴时期的园林并不像易碎的古董一样被束之高阁，而是伴随着不同时代的园林风格发生着不同的变化。一座园林可以反映出一个家族的兴衰荣辱，可以反映出天马行空的设计构思，也可以反映出当时社会主流文化的趋势。

　　古罗马的园林艺术如何延续至今？对文艺复兴时期的托斯卡纳园林产生哪些具体的影响？古罗马园林艺术在数千年的演变发展过程中经历了什么样的变化？意大利台地式园林、法国古典主义园林之间有哪些关联？以意大利为代表的西方园林和以中国为代表的东方园林从内容到形式上又有着哪些异同？东西方园林的差异性对现代园林设计的发展有什么样的借鉴？一系列的问题激发了我对意大利园林的兴趣，在导师的指导和帮助下，最终将对意大利托斯卡纳园林艺术的研究作为我博士学习阶段的方向。

1.2　研究背景

　　意大利园林起源于公元前200年—公元500年，在吸收了古埃及、古希腊园林精华的基础上结合本国地理环境特征创造出独特的宏伟、开阔的规则式园林。14世纪中叶至17世纪，受文艺复兴经济、艺术、科技、工程、人文等方面的影响，意大利园林以独特的设计思想、精巧的园林布局、精细的构造工艺风靡欧洲，使意大利成为当时欧洲园林的中心。

　　现在的意大利共有20个行政大区，每个大区内的地域特征和文化特征都不尽相同，在社会的变革和时代的进步下，它们互相影响却又保持着各自的风格特征。托斯卡纳大区内有佛罗伦萨、锡耶纳、卢卡等著名城市。佛罗伦萨作为该大区的首府在文艺复兴时期是整个欧洲文学、艺术和科学的中心，闪耀着人文主义的光芒，在那个辉煌的时代产生了但丁、彼特拉克、波提切利、米开朗琪罗、达·芬奇、拉斐尔、伽利略等伟大的人物，众多学科的大师们在这个时代相继登场，宛如群星闪耀照亮了还处于黑暗中的西方世界，对托斯卡纳地区及整个欧洲都产生了极其深远的影响。

托斯卡纳园林在意大利园林体系中具有非常重要的地位，它是意大利文艺复兴园林的起源。在文艺复兴时期人文主义思想的影响下，采取几何构图方式创造出简洁明朗、华丽壮观的园林风格，对意大利拉齐奥地区和北方地区的园林都产生了巨大的影响，也对法国古典主义园林的产生起到了至关重要的作用。

"当园林沐浴在托斯卡纳的艳阳下，显得简朴、优雅而欢快，与大自然有机结合起来充满着朴实富足的田园生活情趣，成为意大利园林中最迷人、最浪漫的一道风景。"[①]

1.3　研究创新点

本书以意大利托斯卡纳地区的园林为主要研究对象，以现代景观设计的视角对该地的园林进行深入剖析，主要有以下几个创新点：

第一，国内目前尚未有专著对意大利托斯卡纳地区园林的发展进行系统的研究，分散性的片段研究也没有相关的背景，系统、完整的以史带论的研究更少。因此，本书通过针对托斯卡纳地区文艺复兴时期园林系统地研究，阐明了托斯卡纳园林中的特征与表现手法，并对园林的空间组成要素、造园手法、美学思想进行深入剖析，总结出托斯卡纳园林中的艺术特征和设计方法，将文艺复兴时期托斯卡纳园林的形态与特征完整地展示出来，从而丰富了国内对于意大利托斯卡纳地区园林的相关研究。

第二，为了更全面、准确、完整地把握园林特点，对托斯卡纳地区的园林进行实地勘察调研，运用现代技术和三维软件，结合视频影像和航拍技术，真实、立体、全面地还原园林的布局和周边环境，改变了之前对该领域的研究大多停留在书本和图片的层次。

第三，选取托斯卡纳园林中伽佐尼花园与中国江南园林中具有代表性的留园为研究对象，从设计观念、文化背景、布局规划、空间序列、植物组合、建筑营造等方面进行多角度的综合对比，厘清两种园林不同的手法与形态，揭示两种园林的艺术特征，清晰地把握两者的规律和特点，从两种景观园林的差异中发掘设计本质，以此促进中西园林艺术交融，推动现代景观设计的发展。

第四，结合景观的实践案例对托斯卡纳园林艺术在现代景观设计中

① 田云庆，梁永定，李云鹏. 托斯卡纳园林（一）伽佐尼花园 [J]. 园林，2016，1：62.

的应用进行剖析，学习西方对于传统园林文化的继承和发扬的精神，并以新的艺术手法和表现形式融入现代景观设计中，赋予传统园林时代精神和现代意义，促进传统文化的绽放。

本书研究范畴涉及面广、时间跨度范围较大，大量关于园林的文献资料需要前往意大利托斯卡纳地区进行走访和收集。由于语言及眼界学识的局限，文中仍有许多有待完善和补充的地方，恳请专家批评指正。

1.4　研究目的和意义

1.4.1　研究目的

西方传统园林，最具代表性的是意大利文艺复兴时期的园林、法国勒·诺特式园林和英国自然风景园。其中意大利文艺复兴时期托斯卡纳地区的园林以严谨理性的构图、庄严华丽的装饰形成了独特台地式园林，对18世纪法国古典园林产生了重要的影响。直至今天它依然对欧洲的城市规划和现代城市景观设计的创新与发展产生着积极的作用。

本书研究在于厘清意大利托斯卡纳园林发展的历史脉络，从地理条件、气候环境、社会发展的背景（政治背景、经济背景、文化背景）进行研究和分析，以园林的布局特征和空间构成要素入手，探索该区域内园林的造园思想、造园的形式与结构特点，全面解读托斯卡纳地区的经典园林，提炼和把握其核心内涵，分析其造园思想对欧洲园林设计产生的深远影响及原因，并与中国明清时期江南园林在自然观、美学观、造园思想和手法上进行比较，分析东西方造园思想文化上的差异，深入了解意大利造园文化的实质，以及为现代景观的设计探寻其借鉴指导意义。

1.4.2　研究意义

本书研究的主要意义在于深入解析意大利托斯卡纳园林的艺术风格特征和造园思想，以及与现代景观作品之间的内在联系。同时，中国园林作为东方园林风格的代表，可以思考借鉴西方景观的发展是如何在传统园林中传承与发展的，这对于我们重新审视传统文化与现代艺术的结合有着重要意义。

"他山之石，可以攻玉"。无论在文学、艺术，还是建筑、园林等领域，历代留下的经典作品均是人类智慧的结晶，既是世界各民族拥有的财富，也是人类共同的宝贵遗产。东西方园林无论是自然式还是规则式，其作品也都遵循着造园的普遍原理和共同的美的规律，正如我国的拙政园、避暑山庄、颐和园受到世界各国人民的赞美和钟爱一样，意大利的波波利花园、法国的凡尔赛宫同样也是世界园林宝库中的珍品。

当前的景观设计呈现出多元化、综合性的发展趋势。景观设计师在实践上只有立足自身的优势，从经典园林中吸取养分，在设计手法和艺术创新上不断提高，才能创造出更精彩、更具有文化内涵和艺术特色的园林景观。

1.5　国内外研究现状

1.5.1　国内相关研究

国内对于西方园林方面的研究，早期的有童寯先生编著的《造园史纲》，书中描述了西方与意大利园林的体系，简述了学习古希腊造园艺术的古罗马从大规模园庭、修道院寺园、庄园及文艺复兴庄园的发展过程。郦芷若教授与朱建宁教授合著的《西方园林》把意大利园林作为一个重要的章节进行论述，并根据不同的案例进行深入的分析。陈志华先生编著的《外国造园艺术》、张祖刚先生编著的《意大利古典花园》，都将意大利园林作为西方园林体系下的一个章节进行解读，详述如下：

（1）建筑学家童寯的《造园史纲》出版于1983年，该书较早地介绍了东西方园林中的典型案例，较为全面地涵盖了古埃及、古波斯、古希腊、古罗马、意大利、法国、美国以及中国的园林基本特点，分析了这些国家在造园历史上的成就和其相互影响。通过对典型的案例总结、分析，证明世界造园系统从区域的划分上可以分为3个重要的体系：欧洲园林系统、中国园林系统及西亚园林系统。童寯先生也是国内进行世界园林历史研究的先驱者，由于年代较早和资料匮乏，书中所列举园林案例与资料较为简略，但为国内学者们研究世界园林开辟了新的道路和研究方向，3种园林体系的确立，为系统地解析园林的发展脉络与形式特点打下了基础，成为国内研究园林体系的重要依据。

（2）《外国造园艺术》是陈志华先生将多年关于西方园林的研究按照时间发展的脉络进行整合的一部经典书籍。书中各个章节是陈先生陆陆续续完成的，篇章之间相互独立。在此书中，通过大量的照片及图文资料向世人揭示了外国造园艺术的具体形式和特征。《外国造园艺术》主要围绕意大利造园艺术、法国造园艺术、英国造园艺术和伊斯兰国家造园艺术4个主要部分展开。在意大利造园艺术中，陈先生对意大利园林的起源与发展进行了详细的引证，风趣幽默的笔锋避开了教科书式的死板与僵硬，将意大利古罗马时期、文艺复兴时期的园林鲜明生动地呈现在读者的面前，将园林中发展变化的前因后果进行了个人的论述和解读，分析隐藏在园林华丽表象之下的内在因素，并在《外国造园艺术散论》中提及中国明清时期的江南园林与意大利文艺复兴时期的园林风格截然不同的问题，这成为本书在编写中需要思考和解决的一个重要问题，也为本书开启了一个重要的论述点。

（3）郦芷若教授与朱建宁教授合著的《西方园林》，是目前讲解西方园林发展史的书籍中最为精彩的一部。书中从园林发展的时间脉络入手，以公元4世纪古埃及园林为起源，按照古巴比伦园林、古希腊园林和古罗马园林的发展顺序求证分析，将园林的发展历程按照地区、形式、影响等因素进行详细的梳理和总结，一直持续到20世纪近代园林的产生，称得上是整个西方园林的发展全书。书中有关古罗马园林与意大利文艺复兴时期园林，除了对不同时期园林的类型和实例进行研究之外，还涉及民族的文化特征、习俗特点、地理环境、政治因素、宗教思想等重要因素。全书通俗易懂地向世人展示出意大利古罗马园林、中世纪园林、文艺复兴时期园林三者之间的延续关联，强调园林艺术中的灵魂是以艺术美展现的，不同地域、时间、文化的园林所表现出的艺术形式是千差万别的。对意大利文艺复兴时期的园林按照时间的顺序划分成文艺复兴初期、中期和后期3个阶段，通过对不同时期庄园特点的精辟讲解，总结出意大利文艺复兴时期台地园的特征。虽然书中所提及的一些关于意大利庄园的布局与历史资料略有一些纰漏，但详尽的资料和专业的园林视角解读使其成为景观专业的必读经典书目之一。

（4）彭一刚教授编著的《中国古典园林分析》是国内针对中国古典园林进行剖析的经典著作。通过简洁明了的语言介绍我国传统园林的发展演变过程，结合大量的手绘作品，以图文并茂的方式将中国古典园林的基本特点和空间的独特变化进行讲解，强调传统园林就是艺术地再现自然山水，是人工美与自然美的统一体。此外，还提出了园林空间内不同类型的组合方式。通过园林空间的穿插变化、明暗对比、大小差异、收放结合等方式表达了中国哲学美学思想。彭一刚教授对于空间类型和布局划分的方式成为研究园林的重要手段，为本书深入分析托斯卡纳园林提供了科学的方法和理论依据。

（5）郑忠教授编著的《西方园林史札记》一书，将西方古典园林史进行了较为全面的剖析，对园林不同时期的重点作品进行了分析和阐述，将不同时期园林的特点进行了重要的总结，成为了了解西方园林发展脉络的重要书籍。

此外，杨滨章教授编著的《外国园林史》，刘滨谊教授翻译的《图解人类景观——环境塑造史论》等有关外国园林的通史类著作均有很好的借鉴价值。国内大多数的研究或是以中国古典园林为主题，或是将意大利园林作为西方园林中的一个阶段来进行研究，而对于意大利托斯卡纳园林系统的研究暂时还没有相关成果，这也为本书的研究预留了空间。

1.5.2　国外相关研究

（1）伊丽莎白·巴洛·罗杰斯编著的《世界景观设计——文化与建筑的历史》（Ⅰ）（Ⅱ）出版于2005年。在书中她将景观设计发展的概念提升至人类历史的高度，认为世界景观设计的历史本质上就是人类文化发展的历史。全书从最初的史前、远古的景观谈起，形象地描述了不同地区的先祖们在史前时期对于自然的认识、神话的产生、宇宙秩序的理解等，由此引导出不同区域、种族、文化在造园思想上的认识和园林形式的差异。该书第三章"天国的内涵"，将欧洲中世纪形象地称作：城墙围起来的城市和用墙围合起来的花园，并对中世纪的花园形式进行了深入研究。该书第四章将意大利文艺复兴中重要的人文主义者彼得拉克、阿尔伯蒂、科罗纳、伯拉孟特等人的影响因素也考虑入内，并且指出园林中的设计发展直接影响到城市的建造和发展布局。同时，对巴洛克艺术后期意大利园林与法国园林之间的相互融入和演变，以及法国城市化和古典主义园林的产生都做了论述。但是，由于整部书是针对世界景观园林的发展过程，章节和篇幅均有限，其所涉及的园林与资料未能完整体现整个思路。在书中的结尾处，结合景观设计的发展趋势介绍了新景观美学下的现代主义园林，家庭、商业和娱乐模式下的消费主义的景观设计和各种层出不穷的景观主义思想，并指出在景观发展的趋势中对于历史遗迹的尊重与保护应该比娱乐、商业或政治主题更具深层次的意义。该书对于景观文化研究的时间范围跨度大、地域范围广阔，涉及众多设计师及相关作品。从人类文明开始直至20世纪末期，涵盖人类景观的各个阶段，包括中国在内的世界上对景观发展有所贡献的各个国家。意大利文艺复兴时期园林只是作为其中的一个章节出现，并没有进一步深入剖析意大利园林文艺复兴时期的具体细节。

（2）日本针之谷钟吉先生编著的《西方造园变迁史——从伊甸园到天然公园》一书，总共分为12个章节，从旧约时代的造园、古代的造园开始，一直到第二次世界大战之后的现代造园的过程都进行了比较全面系统的介绍，图文资料翔实、结构脉络清晰。每个篇章开头的部分都有简史和造园史对照表，便于读者进行查阅。全书对园林植物配置、构园要素、功能及布局形式等作了剖析。此外，作者利用大量实例总结出了一代造园简史表，清晰直观地展示了文艺复兴活动影响下的意大利本土造园趋势和建设密度，为研究托斯卡纳园林艺术提供了详细的历史脉络。

（3）谢菲尔德（J.C.Shepherd）和杰利科（G.A.Jellicoe）合著的《意大利文艺复兴时期的园林》（《Italian Gardens Of The Renaissance》）出版发行于1993年。该书没有对意大利园林进行全面的介绍，却将文艺复兴时期的园林依照地理区域划分成以罗马、锡耶纳、佛罗伦萨、卢卡、米兰等几个重要城市为主的区域，对每个区域内的园林，利用简练的语言和园林的测绘图纸，以图文并茂的方式进行展现，并通过照片和测绘图纸的方式较为全面地展现出意大利文艺复兴时期园林的轴线和空间特征。

（4）海伦娜·艾德利（Helena Attlee）所著《意大利园林——文化的历史》（《ITALIAN GARDENS——A CULTURAL HISTORY》）一书，按照时间发展顺序，将1450—1968年意大利园林划分为早期文艺复兴、文艺复兴、文艺复兴盛期、手法主义时期、巴洛克时期、植物收集时期、园林娱乐时期、英法影响、欧洲时尚、现代园林等几个阶段。每一个阶段选取代表性的资料和案例进行解读，并配有大量图例进行说明，使读者可以直观清晰地了解意大利园林的发展脉络。该书对意大利园林发展时间范围上的划分值得学习和借鉴。该书针对整个意大利地区的园林进行研究，所提及的案例都是一些典型的园林，没有根据地域进行区分，对不同时期之间的前后联系并没有提及。

（5）克莱门斯（Clemens Steenbergen）和沃特（Wouter Reh）合著的《建筑与景观——欧洲伟大园林的设计实践》（《Architecture and Landscape——The Design Experiment of the Great European Gardens and Landscape》）一书，主要是针对欧洲地区的园林设计与实践。书中列举了意大利、法国等著名的经典园林，每座园林都以独立章节的形式阐述，相互之间没有关联。作者通过简洁的语言概括出园林的历史特征，利用三维软件复原园林的模型，以及大量的平面图、立面图和解构分析图使读者直观地理解这些园林的构成元素与设计特征，为本书从模型角度分析托斯卡纳园林提供了重要思路。

（6）查尔斯（Charles W·Moore）编著的《诗意的园林》（《The Poetics of Gardens》），书中以园林的整体规划和平面布局入手，将各个时期具有代表性的园林规划和布局形式进行解读分析，通过一些分列图层将园林的设计意图和图案造型清晰地体现，成为设计专业深入理解和解读园林构图的重要书籍。

（7）麦克劳德（Kirsty McLeod）所著的《最佳的意大利园林——旅行者指南》（《The Best Gardens in Italy——A Traveller's Guide》）一书出版于2011年，书中将意大利的园林依照地理区域划分成托斯卡纳（Tuscany）、拉齐奥（Lazio）、坎帕尼亚（Campania）、翁布里亚（Umbria）、威内托（Veneto）等14个区域，书中的章节按照这些区域中的园林进行单个介绍。正如书名所示，该书是针对园林的游览者，主要介绍园林的历史变迁和一些著名的景色。

（8）意大利园林学者朱斯蒂（Maria Adriana Giusti）所著《卢卡的庄园》一书，将托斯卡纳大区内卢卡城周边的著名园林进行了总结，并对各个院内的景观要素进行了分类，提供了大量图片与历史资料，对本书深入了解卢卡地区园林的特点有着重要的参考价值，但是由于作者主要是为了向游人介绍园林，所以书中更多的是对历史事件的一些记录与现状外观的描述，对于园林景观方面的设计手法和空间布局并没有提及。

（9）意大利著名园林艺术家佩内洛佩·霍布豪斯（Penelope Hobhouse）编著的世界名园图书《意大利园林》，全书共分为5个章节，涵盖了意大利科莫湖、马焦雷湖和西北部景区，加尔达湖、威尼托区及东北部景区，托斯卡纳及周边景区，罗马及其郊外景区和西西里岛与那不勒斯市的南部5个主要地区。每个章节包含本区域内具有典型特征和独特历史价值的园林，并且拥有大量植物种类和造型新颖、奇特的园林100多处。由于该书的初衷是为有兴趣参观意大利历史悠久、景色优美的园林的旅游者所编写，属于导览类图书。尽管收录的庄园较多，但只有园林详细的透视效果图、简短的文字语言介绍，以及导游图和庄园的详细地址和联系方式，并没有涉及设计类型与造型特点，更没有形成发展脉络。该书对于国内游人广泛地了解意大利园林的情况或前往实地考察调研具有积极的推动作用。

国外学者对意大利文艺复兴时期园林的表现手法和设计思想的研究最初集中在罗马、佛罗伦萨的周边地区，以兰特庄园、埃斯特庄园、法尔尼斯庄园等著名园林为主。随着研究的不断深入，研究的区域开始向托斯卡纳、拉齐奥、翁布里亚、威内托等地区的园林扩展。在园林研究的表现形式上，从最初照片图像和园林的建筑图纸等资料逐渐向实地测绘、三维模型构图比例分析等数字化手段转变，该方法相对完整地呈现出园林的特征，成为研究园林特征的重要技术手段。国外学者对于意大利文艺复兴时期园林的研究在学术领域上对本书的路径探索研究具有重要的参考价值。

1.6　研究内容和方法

　　本书研究构建在设计学的理论框架之下，采取理论结合实践、实地考察、综合文献分析、图像研究、对比分析研究等方法深入研究意大利托斯卡纳园林的文化和艺术，提炼和准确把握其设计核心内涵，探索园林造园思想与设计手法的独特之处。

　　（1）实地考察

　　实地调研意大利托斯卡纳大区内以佛罗伦萨、卢卡、锡耶纳3个城市为辐射中心的周边著名的园林，在实地考察过程中利用影像技术手段记录园林的现状，通过切身体会去体验托斯卡纳园林的魅力，并约见当地的园林专家、学者、教授，以访谈的方式进行交流探讨，力求清晰地掌握托斯卡纳园林在历史发展过程中的具体因素和地域特点，且根据不同的类型整体存档。

　　（2）综合文献分析

　　根据托斯卡纳园林中所涉及的关于意大利文化、历史、地理、艺术、社会风俗等学科进行图书资料的整理分析，按照意大利文艺复兴发展的时间脉络和以佛罗伦萨、卢卡、锡耶纳3个区域进行梳理，归纳总结出重要的理论和观点，为深入分析托斯卡纳的园林艺术与文化特征做好充分准备。

　　（3）实例分析

　　在对托斯卡纳园林发展的论述中，对具有特殊意义的典型园林案例进行景观元素和轴线分析，以此来佐证本书中提及的观点，并为后续的深入研究提供有力的支持。

　　（4）对比分析研究

　　以意大利文艺复兴时期托斯卡纳的园林为主题，收集和分析国际上相关的研究报告和最新研究成果，并与明清时期江南园林进行对比分析，为研究提供支撑。

　　（5）数码航拍

　　运用现在的技术与手段，利用无人机对重要的园林进行视频航拍，通过高空俯视视角全面了解园林周边的地形和园林构图，为精准地理解园林的轴线与布局做好准备。

　　（6）数字分析

　　使用三维数字软件建立虚拟的园林模型，利用数字手段对园林中的各项比例结构进行运算，为分析研究提供数据支持。

1.7　研究框架及结构

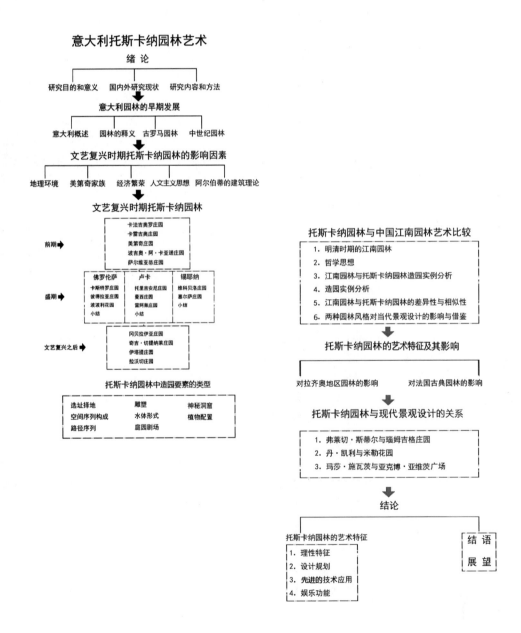

2

第二章

早期意大利
园林的发展

2.1　意大利概述

提及意大利，人们都会对这个神奇的国度产生丰富的联想：在古老的罗马帝国时代便孕育了光辉灿烂的文化，在中世纪之后又掀起了欧洲文艺复兴运动的浪潮，为世界艺术殿堂带来了无穷无尽的财富与宝藏，但丁、达·芬奇、米开朗琪罗、拉斐尔……一串串令人耳熟能详的巨匠们的名字是意大利人的骄傲，令人膜拜敬仰，他们的作品至今依然能给人们带来无比的震撼。

从地理位置上来看，意大利位于欧洲大陆南部，濒临地中海，坐标为北纬36° 28′～47° 6′，东经6° 38′～18° 31′之间，整个国土面积约有301333km²，人口约6002万。从地图上看意大利的外形就像一只高跟的靴子，从欧洲大陆伸向地中海（图2-1）。整个意大利的领土由亚平宁半岛与地中海中的撒丁岛以及西西里岛共同组成，亚平宁半岛北部以阿尔卑斯山脉为屏障与欧洲大陆相连，领土接壤法国、瑞士、奥地利、斯洛文尼亚等国家，南部延伸至地中海；东部临近第勒尼安海；西部临近亚德里亚海；南部临近爱奥尼亚海，南部地区与突尼斯、马耳他和阿尔及利亚隔海相望。整个大陆只有北部地区与大陆相连，左右区域都是海洋，国界线80%为海界，于是形成了7200多公里的漫长海岸线。在意大利领土的内部还存在着两个独特的"袖珍国"，天主教教廷梵蒂冈和圣马力诺。

由于意大利国土狭长的特殊性，在气候上也呈现出多变的特征。北部地区较为寒冷，阿尔卑斯山脉上终年白雪皑皑，千里冰封；凭借阿尔卑斯山脉的天然屏障，为中部地区阻挡了北部的寒流，使中部地区呈现出典型的亚热带地中海气候的特点，冬季温暖多雨，夏季炎热干燥；而以西西里岛为代表的西南部地区，地理上接近非洲大陆，所以这里常年艳阳高照，日光充沛。南北截然不同的自然风光和为数众多的人类历史文化遗产使意大利成为令人神往的美丽国度（图2-2）。

意大利（Italy）或意大利亚（Italia）一词起源于奥斯坎语（Oscan language）Ví TELIú，意为牧牛之地。这片肥沃的土地自古就是文明的摇篮，孕育出灿烂的文化。根据考古发现，罗马共和国时期在罗马东部的科菲尼乌姆（Corfinium）地区，印有意大利亚字样的硬币已经开始流通使用。到古罗马帝国的皇帝盖乌斯·屋大维·奥古斯都（Gaius Octavius Augustus，公元前 63年—公元14年）时期，现在的意大利在当时已经成为罗马帝国的一个省区。随着古罗马帝国的势力和影响不断壮大发展，将这块土地称为意大利或意大利亚成为一种习俗，之后逐渐开始指代半岛上出现的各种主权实体的总称。

① 周维权. 中国古典园林史 [M]. 北京：清华大学出版社，2013：139.

图2-1 意大利国土地图

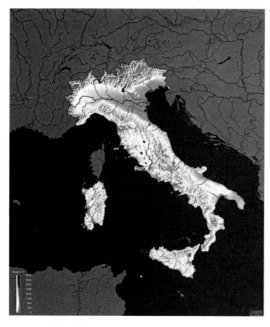

图2-2 意大利地形图

关于意大利历史的记录最早出现在公元前9世纪。其最初只是一些分散的部落，即位于意大利西南海岸的奥西人（Osci）、意大利中南部的拉丁人（Latins）和意大利中部的翁布里人（Umbri）等族群。传说由母狼抚养和哺育的罗慕路斯（Lomulus）和雷穆斯（Lemus）兄弟于公元前753年建立了罗马。之后罗马帝国统治了西欧和地中海数世纪，促进了西方哲学、科学和艺术的发展，为人类做出了不可估量的贡献。

西罗马帝国于公元476年衰落后，近千年时间里意大利都处于聚少离多的分裂状态。到12世纪左右，意大利地区开始陆续出现米兰公国、威尼斯共和国、热那亚共和国等较为强大的势力。14世纪时期，佛罗伦萨的崛起造就了文艺复兴的辉煌，多那太罗（Donatello）、波提切利（Botticelli）、米开朗琪罗（Michelangelo）、达·芬奇（Leonardo da Vinci）、拉斐尔（Raffaello）等艺术天才，成就了继古罗马帝国之后文化、经济、科技等各个方面的再次繁荣。到了16世纪之后，意大利的局势一直动荡不安，当拿破仑加冕为法国皇帝之后，于1796年率军入侵了意大利的托斯卡纳地区，卢卡成为一个附属国，被法国掌权统治多年。当拿破仑战败以后，意大利各地通过不断的革命运动，最终于1870年在维克多·埃曼纽尔二世的率领下，意大利完成了统一大业。

2.2 园林的释义

对于园林的名称与含义，不同的历史发展阶段有着不同的内容与使用范围。在我国的古典园林发展中，含有"园林"意义的词语十分丰富。在魏晋时期，皇家园林的称谓，除了沿袭上代的"宫""苑"之外，称之为"园"的也比较多了[①]。有文人墨客常用的园、庐、居、别业，也有贵族宅邸常见的宅园、墅、府邸，更有隐士喜爱的圃、园池、林、谷等，名称种类多样。著名的《兰亭集序》中的"兰亭"称得上是我国历史上首次见于记载的公共园林。到20世纪，由于园林所包含的范围逐渐扩大，风景区、城市绿地、主题公园等都可以称为园林或园林中的一部分。"Gardens一词在西方的含义比较广泛，关于园林（Gardens）也包含许多的名称：林园（grove）和乐园（paradise）、公园（park）、景观（landscape）、自然境地（wilderness）和果园（orchard）。"[1]

　　本书涉及的园林是狭义的概念，主要指文艺复兴时期意大利的私人园林，由花园（garden）、林园（park）共同组成，Villa一词的含义也不再单指建筑别墅本身，还包含了建筑周边的林地、果园以及规整的花园，由于大多数的别墅建筑位于园林之中，故一般称为庄园，当别墅建筑位于园林之外时，称为花园。如伽佐尼花园的主体建筑——伽佐尼宫殿位于整座园林西北角的高地之上，可以俯视整个花园，这种并不位于中轴线上的建筑布局方式与当时普遍采用的格局也是不同的。

2.3　文艺复兴之前的意大利园林

　　意大利园林具有悠久的历史，根据时间的顺序可以将意大利园林的发展概括为3个重要阶段。

　　第一阶段：古罗马时期的园林（公元前27年—公元476年）

　　古罗马帝国据传于公元前27年建立，古罗马的势力从这一时期开始快速扩张。经过多年的战争，地域不断扩张，使古罗马成为一个环地中海的多民族、多宗教、多语言、多文化的大国，经济文化空前繁荣。罗马帝国也成为一个巨大的文化熔炉，各种不同的文化、传统、艺术和神话汇集在一起，创造出了辉煌的黄金时代，直至公元476年西罗马帝国灭亡。

　　该时期现存的园林有意大利南部那波利（Napoli）附近的庞贝古城（Pempeii）、罗马附近的哈德良山庄（Villa Adriana）、洛朗丹庄园（Villa Laurentinum）、尼禄（Nero）金宫（Golden House）等遗址。花坛、喷泉、雕像、水池、洞窟、台地阶梯、柱廊等构成西方园林重要元素的雏形已经开始出现，为以后各个时期园林的发展，特别是文艺复兴时期的台地园奠定了坚实的基础。

　　第二阶段：中世纪时期的园林（公元476年—文艺复兴时期）

　　15世纪后期意大利的人文主义者比昂多（Flatjo Bjondo，1392—1463）将古罗马古典文化与文艺复兴这两个文化高峰之间的历史时期定义为中世纪，自此一直被广泛沿用。根据本书研究的内容特点，一种园林风格的产生和发展是一个较为漫长的过程，所以本书采用历史上常用

①Christopher Thacker. The History of Gardens[M]. Berkeley and Los Angeles, California: University of California press, 1979.
②陈志华. 外国造园艺术[M]. 郑州：河南科学技术出版社，2013：33.

的文艺复兴的兴起作为欧洲中世纪结束的标志。

中世纪的欧洲缺少强而有力的政权，大部分区域长期处于封建割据的政治状态，多方势力为了争夺领地和不断扩张，造成了连续不断的战争；虽然已是封建社会，但奴隶制度依然盛行，普通民众饱受领主和奴隶主的压迫；民众思想上背负着教会教皇的精神枷锁，天主教实行"什一税"和"免罪券"征收制度敛取了大量的财富，思想意识和创新精神基本都被教会压制；农业与科技在战争中无法得到发展；虽然也出现了强国法兰克帝国（5世纪末—10世纪末）与神圣罗马帝国（962年—1806年），但是皇帝更关心军事战争，无暇顾及农业与科技生产。多重的压力给人民带来了无穷无尽的痛苦和黑暗。学者们普遍认为这是欧洲文明史上发展比较缓慢的时期，尤其与古希腊、古罗马辉煌的文化相比，中世纪的文化确实显得薄弱无力，所以中世纪或者中世纪早期在欧美被称作"黑暗时代"。

在这一特殊的时期中，园林建设主要受到宗教文化和封建领主的影响，修道院园林和城堡园林在这样的环境下得到了发展。这段时期内现存的园林有圣·保罗修道院（Papal Basilica of St. Paul outside the Walls）、圣·加尔修道院（Monastery of St.Gall）、意大利米兰巴维亚修道院等遗址。修道院大多利用结构简单，建筑内部开阔的巴西利卡（Basilica）形式建造，在寺院中设有回廊和庭院，中庭往往被十字形道路分为4块，喷泉、水池成为中央的点缀。城堡花园以几何形的果园和装饰性花园为主，依附在城堡建筑周围。由于城堡可以居高临下欣赏，带有装饰和娱乐性的结园、迷园、花架亭廊陆续出现，为文艺复兴时期的园林提供了丰富的元素。

第三阶段：文艺复兴时期的园林（公元1453年—20世纪）

托斯卡纳地区的佛罗伦萨是欧洲文艺复兴的发源地，较早地兴起了资本主义文化，提出的人文

主义思想影响到欧洲各国，并在16世纪达到鼎盛。在文艺复兴文化的号召下，人们的思想也开始从传统的宗教束缚中解脱，逐渐探索人性的价值。这一时期在文学、科学、艺术、建筑、园林等各个方面都有巨大发展，为整个欧洲艺术与科学带来了全新的面貌，揭开了欧洲思想解放的序幕。

托斯卡纳地区的佛罗伦萨率先开启了文艺复兴园林的建设高潮，园林的建造结合了文艺复兴人文主义思想，从卡法吉奥罗庄园、卡雷吉庄园、美第奇庄园等开始了对台地式园林的探索。到卡斯特罗庄园、波波利花园时期达到了成熟阶段。虽然16世纪的罗马成为新的造园中心，结合巴洛克风格的特点建造了法尔尼斯、埃斯特、兰特、阿尔多布兰迪尼四大庄园，但造园的风潮在托斯卡纳地区一直延续到20世纪初，成为意大利园林中重要的一个环节。

2.3.1　古罗马园林

"描写意大利文艺复兴和巴洛克的造园艺术，不得不先写一写古罗马的造园艺术。因为文艺复兴园林不仅从古代继承了各种造园要素，如树木花卉、植坛草坪、喷泉、雕像、林荫道、'绿色雕刻'等，而且继承了园林的构图、风格和意境。"[②]

最早的古罗马园林可以追溯到公元前1世纪时期，当时的古罗马园林形式较为简单，在功能上主要以生产为目的，以种植食用性蔬菜、水果、香料等植物为主，只有少量的鲜花用来装饰供奉神明的祭坛和先人的坟墓。当古罗马执政官苏拉（Sulla，公元前138—78）率军征服雅典（Athens）之后，古希腊园林（Hellenistic gardens）和波斯狩猎园（Hunting parks of the Persians）给出征的将士们留下了深刻的印象，由此掀起了古罗马建造园林的潮流。

随着古罗马版图的扩展，美索不达米亚的亚述人（Assyrian）和埃及的园林风格也开始渗透到罗马人对于园林的热情之中，古罗马居民的住宅受

到外来风格的影响，从庞贝（Pompeii）古城的遗址中能够直观地看到当时居民的建筑与花园的空间布局通常由三进院落组成：第一进为迎客的前庭；第二进为列柱廊式中庭；第三进为露坛式花园。

1. 平民的花园

庞贝城位于沙诺河畔的山丘上，公元前600年左右由奥斯坎斯部落创建。公元前89年，罗马军队的统帅苏拉征服了这里，将庞贝变成了古罗马帝国的殖民地。公元79年，意大利维苏威火山的爆发将庞贝城埋于火山灰之下。

从挖掘出的庞贝古城遗址来看，城市布局呈矩形，设计有4个出入的城门并有城墙连接环绕。城中街道纵横交错，布局犹如棋盘。据文献记载，庞贝城在当时已是仅次于罗马的第二大繁华都市，城中的设施一应俱全。整座城市人口超过2.5万人，是当时最著名的"酒色之都"。在城内出土的一盏银制酒杯上刻着这样一句话："尽情享受生活吧，明天是捉摸不定的"，折射出当时挥霍无度的价值观，许多贵族富商都在城中营建住宅，寻欢作乐。

根据城市中住宅遗址的布局和功能特征，当时城内的建筑可以分为公共建筑和居民住宅两大类。公共建筑的类型十分多样，神庙、大会堂、浴场、商场、剧院、体育场、斗兽场等市政建筑已经十分齐备，甚至连商业街道上的商店都是按照行业的不同性质来区分，大量的居民住宅遗址为研究古罗马建筑特征提供了重要的实例。

庞贝古城的住宅遗址为我们提供了古罗马居民的住宅建筑与花园布局的雏形：一般为前宅后院的内庭式住宅，由前庭、列柱廊式中庭和围廊式（Peristyle）花园3个区域组成。

通道式的入口通向中庭，上方镂空设置成天井，下方对应设置方形阶梯式水池，雨水可以顺着瓦片汇集到水池中。在中庭之后往往留有方形的围廊式花园，列柱中央的空地花园中布置绿篱灌木、喷泉与雕塑，围廊的墙壁上装饰着鲜艳的

图2-3　厅堂墙壁上留存的壁画

壁画，使整个花园空间层次丰富。房屋的厨房、卧室等空间布置在天井或花园的周边，建筑平面规整紧凑（图2-3）。

洛瑞阿斯·蒂伯庭那斯住宅（The Villa of Loreius Tiburtinus）是庞贝城中最大的住宅花园（图2-4）。整个建筑平面规则整齐，前宅后院布局，在中庭天井前方和左侧设计有两座列柱围廊式（Peristyle）庭院。一条横向的水渠分割住宅与后花园之间的空间，水渠两边由各种柱式支撑藤架遮阴，并间隔设计有雕塑与喷泉。后花园的规模庞大，中心是一条作为轴线的水渠，与横向的水渠垂直连通。水渠中央还有一座类似圣坛的喷泉，形成整个后花园的视觉中心。长渠的两侧平行种植着葡萄、石榴、夹竹桃、玫瑰、雏菊、紫罗兰、百合等植物，充满着生机。如今只能看到斑驳的壁画与断裂的柱身，但通过这些现存遗迹的规模不难想象当时住宅绿荫如盖、繁花似锦的气派（图2-5）。

当时花园中常见的有松树、柏树、黄杨、橡树和悬铃木等众多植物种类，古罗马人已经开始根据不同植物的特性对植物进行修剪和种植。据古罗马警句诗人马提阿尔（Martial，公元40—102）说，奥古斯都的朋友马蒂乌斯（Gaius Matius）从东方学来了修剪树木的艺术，后来在古罗马广泛应用。"树木常常被修剪成各种几何形状、花瓶、飞禽走兽等；也常常被修剪得整整

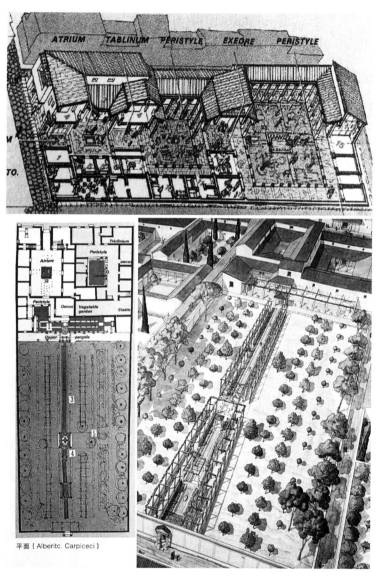

图2-4　洛瑞阿斯·蒂伯庭那斯住宅平面及透视图

齐齐，在草地斜坡上组成字母或者在植坛里组成各种装饰图案；园内小径的两侧也常常有经过修剪的绿篱。这种修剪树木的艺术，叫作绿色雕刻。"[1]考古学家在住宅庭院花园中化验出93种植物钙的成分。虽然历史久远，某些物种已经消失，但依然可以判定当时庭院内大多数的植物品类。黄杨（boxwood）、玫瑰（roses）、紫罗兰（violets）、鸢尾花（irises）、风信子（hyacinths）、海岸松（Pinus pinaster）、石榴（pomegranates）、杨树（poplars）、柏树（cypresses）、冷杉（firs）等丰富的树木和花卉品种都是庞贝居民喜爱的植物。

①陈志华. 外国造园艺术［M］.郑州：河南科学技术出版社，2013.

图2-5　洛瑞阿斯·蒂伯庭那斯住宅复原对比

2. 帝王的园林

在意大利罗马城东部的蒂沃利（Tivoli）小镇上，有一座规模庞大的建筑群遗迹，这片建筑建造于公元118—133年，占地约120hm²，地势上南高北低，这就是被世人誉为"万园之园"的哈德良山庄（Villa Adriana）。从遗址中可以推断出罗马帝国繁荣的生活和高雅的品位，哈德良山庄是古罗马文明的象征，也是古罗马建筑与园林结合的典型案例。1999年，哈德良山庄被评为世界文化遗产，更是引起了全球范围的广泛关注。

"哈德良山庄地形较为复杂，地势起伏较大，除了宏伟的宫殿群之外，还有大量的生活和娱乐设施。这些建筑布局充分利用地形，变化丰富，没有明确的中轴线。根据建筑和园林组群的布局和方位，整个山庄清晰地勾勒出4个部分，每个

部分有自己的轴线，彼此之间既不平行也不垂直，而是顺应地势形成不规则的夹角（图2-6）。第一条轴线位于北端，由金色广场、宫殿、图书馆、维纳斯神庙（Tempio Di Venere）、希腊式剧场（Teatro Greco）斜向组成；第二条轴线为东西向，由海剧场、珀西勒花园以及一些连续的柱廊建筑组成；第三条轴线联系着小浴场、大浴场、卡诺珀水池；西南边的学园（Accademia）构成了第四条轴线。山庄的建筑都是对称布置，虽相互交错，柱廊环绕，大量的平台以及地下管道构成了结构复杂的基础设施遗迹，但却体现出一种和谐、庄重和典雅（图2-7）。金色广场位于第一条轴线东部端头。16世纪，在对该区域的遗址进行发掘的过程中，富丽堂皇的装饰和错落有致的喷泉令人惊叹，故被人称为'金色广场'。整个广场位于东南方，对称布置，通过多里克柱廊（Pilastri Dorici）与宫殿相连。西北方的通道由三个壁龛构成，中央是平面为花瓣状的大型壁龛，两边对称有小型壁龛。造型优雅的房间内使用大理石装饰。顶部还保留有半扇穹顶。此后，哈德良将这样的穹窿顶拱券技术运用到万神庙、维纳斯庙、希腊神庙等一系列建筑之中，成为古罗马建筑历史上不朽的作品。"[①]

海剧场总面积约为510m²，它处在哈德良山庄第一轴线和第二轴线的交叉点上，从平面图上的造型来看呈圆形，如同一上一下两个旋转的轮轴，巧妙地将第一轴线和第二轴线联系起来。整座剧场的直径约为43.5m，四周通过带有网状拼花的混凝土高墙进行围合，南北两个方向各有一个作为出入口的柱廊，中央是一座周边被碧水环绕、直径为24.5m的小岛，岛上据说原来是哈德良的住所。外圈的围墙形成一个同心圆结构，连续的圆环组合使海剧场如同水波一样层层荡漾，充满了诗意般的梦幻。这种建筑的布局在古罗马时期的建筑中是非常新颖的，而且整座建筑与哈德良建造的万神庙的尺寸存在着许多巧合，万神庙

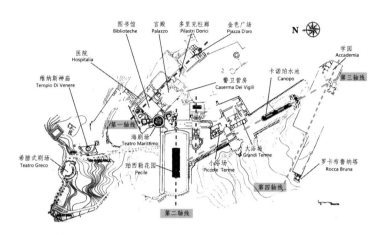

图2-6　哈德良山庄平面图

的内直径为43.3m，穹顶天窗的直径是24m，整座小岛可以正好容纳进万神庙之中。两者充满着复杂的结构和神秘的色彩，强烈的象征意义令人瞩目，被誉为世界上令人回味的建筑之一。这不得不令人感叹，万神庙将神的世界浓缩到一个圆中，而海剧场成为哈德良在人间构筑的天堂（图2-8）。

　　珀西勒花园在海剧场的左侧，第二条轴线西部的端头明显受到雅典著名的斯托亚·波伊凯勒（Stoa Poikile）"彩绘柱廊"的影响。整个花园南北宽约100m、东西长约220m，四周围绕着柱廊，中间为一块大型的水池，水池的两端对称地布置两个罗马式圆亭，其余的空地整齐地划分成一块块的草坪。这块花园的设计是专为饭后散步而设计的，围绕柱廊7圈的距离是3km左右。18世纪的医学发现，这个长度最适宜步行，这也从侧面反映出古罗马人对于医学与健康的关注。卡诺珀水池位于山庄第三轴线南端一个狭窄的山谷中，是一条长119m、宽18m的人工水池，水池两端为弧形。在水池北端是一组连环的弧形拱券柱廊，拱券下是一组风采各异、惟妙惟肖的白色大理石雕像，左右均衡布置。最靠东西外侧的两尊是战神阿瑞斯（Ares）和亚马孙女战士，中间的是埃及神话中的斯芬克斯（Sphinx）和商业与旅行者之神赫尔墨斯（Hermes），最内的是尼罗河神和台伯河神（图2-9）。在水池的东岸原本设计有一道两排的柱廊，靠近水池的地方还有一只活灵活现的鳄鱼雕像，西岸是6座身着雅典传统服饰的人物雕像，这些雕像与雅典卫城的伊瑞克提翁的雕像非常相似。在水池的尽头是一间宏伟的半圆形宴会厅，这里曾是哈德良与大臣们用餐的地方。大厅半圆穹顶的跨度13m左右，由7瓣球面和三角面交替组成，是山庄中典型的'南瓜顶'。在这座半圆形餐厅弧形

① 田云庆，李云鹏. 拉齐奥园林（二）哈德良山庄［J］. 园林，2017，2：48.

图2-7　哈德良山庄复原鸟瞰图

墙体上左右各有4个大小深浅不一的壁龛，清凉的泉水从中流出，顺着地板上的水槽流向大厅前的水池与后面的房间之中。山庄中有无数水池及喷泉，水池的大量储水是为了降温，把日光反射到建筑内。为了给水池和喷泉提供充足的水源，哈德良大帝还建立了10英里长的水道系统。透过高贵的罗马石柱和精美的雕像，人们仍然能想象当初这里的奢华（图2-10）。列柱围合成的长方形中庭式的建筑是学园部分，形成第四轴线，位于南部。哈德良是一位亲希腊的帝王，经常在希腊度过冬天，因此，这里的布局是仿希腊哲学家园，园中点缀着大量的凉亭、花架、柱廊等，其上覆满了攀缘植物。柱廊或与雕塑结合，或柱子本身就是雕塑。

图2-8　海剧场

图2-9　战神阿瑞斯雕像

图2-10 卡诺珀水池复原对比图

　　"哈德良山庄高超的拱券技术、精湛的大理石工艺、栩栩如生的雕塑、比例精准的柱式、充满戏剧色彩的建筑与园林组合，体现了哈德良海纳百川的恢宏气度，震撼了每一位前来参观的游人。它的设计思想和手法为以后的文艺复兴时期、巴洛克时期以及现在的设计产生了许多重大的影响，勒·柯布西耶、赖特等现代主义大师都曾在此地寻求灵感。'前池消旧水，昔树发今花'，哈德良山庄在千年的时光中经历了战火的洗礼、人为的破坏和岁月的侵蚀，曾经壮观的宫殿变得支离破碎，曾经华丽的装饰也已荡然无存。哈德良山庄已不是一座山庄：它是一座城镇，它包含了一座伟大都城所需要的一切。它是一个由坚固的石块构筑的梦，一个由既是建筑家，又是艺术家的帝王创造出来的奇迹。它所蕴含的永恒的古典美像一道光芒，照耀在它每一道残旧的墙面、每一根断缺的柱础、每一尊孤寂的雕像之上，令人恋恋不舍，久久难忘。"①

①田云庆，李云鹏．拉齐奥园林（二）哈德良山庄．[J]．园林，2017，2：48．

3. 小结

除历史遗址的考古挖掘外，学者们对早期古罗马园林的认识主要来源于绘画和文学记载。园林中的绘画题材往往是展示园中的植物、喷泉、果林以及人们休闲娱乐的情景。在庞贝的公共浴室（Frigidarium of the stabian baths）中还有当时用马赛克拼贴的花园壁画，画面的中央是繁茂的植物，两根带有螺旋纹路的立柱顶端托起水盆状的喷泉，泉水欢跃的涌动，下方是一位侧卧的女人，身披长袍露出婀娜的背影，她似乎在逗引身旁饲养的珍禽，一位佣人站立伺候。两端有两个造型各异的装饰性陶罐，上方飞翔着几只小鸟，在穹顶上却绘有自由穿梭在水中的鱼儿。现实与幻想之间，令人充满对园林的希望与向往（图2-11）。

对古罗马园林的描写最完整详细的记录出现在罗马帝国的作家小普林尼（Pliny the Younger，公元61—113）写给朋友阿波利纳里斯（Apollinaris）的信中。"你做梦也想不到比这更美的地方了，别墅的前面有一片花圃，它的小径两侧都有黄杨夹道，花圃的尽端是个斜坡，那里有用黄杨树修剪出来的各种动物，一对对地面对面。在这些动物之间，长着忍冬草。兜过花圃尽端的小路，两侧种着绿篱，它们也被修剪成各式各样，别墅宴会厅的门朝向花圃，而另一面的窗子朝向田野和牧场。卧室布置在小院落的周围，院里种着4棵悬铃木，中央是个大理石水池，喷泉的水纷纷洒落到池里，给树木和草地送来了清凉的潮气。有一间厅堂紧挨着一棵悬铃木，享受它的浓荫和悦目的绿色。厅堂里镶着大理石的墙裙，以上的墙面画着壁画，它们的美丽跟大理石墙裙相称。画的内容是繁密的树叶，五颜六色的鸟儿在里面嬉戏。厅堂的中央也是一座喷泉，从石盘里和一些喷嘴里流出来的水发出使人愉快的絮语声。"

从小普林尼信中对细节的描述可以看出，古罗马人已经非常重视园林建造的地理位置，他们更青睐那些风景秀丽的山区，并对散步、野餐、骑马等户外活动行为做了详细的划分，开始逐渐根据使用需求设计园林中对应的功能。园林中对植物的修剪也开始成为一门新的艺术，黄杨、石楠、珊瑚树等灌木和柏树常常被修剪成正方形或简单的几何形，使其成为雕塑的配角，营造神话或历史题材的场景。

在古罗马时期的园林中，尽管园林规模与布局形式多样，水都是园林中最重要的创作元素，其中喷泉和水池是最为常见的形式。

最早的喷泉出现在距今4000多年前的两河流域，利用高差和重力原理将水从河流中汲出，为城市提供流动的、清洁的水源。早期的喷泉主要受地形和水源限制，到公元6世纪时，古希腊人创造出大理石水渠进行引水，通过水渠源源不断的泉水以喷泉的形式到达城镇的各个角落。古罗马人在前人的基础上将喷泉和水渠技术发展到新的高度，

图2-11 浴室壁画中的花园

图2-12 现存的古罗马下水道

图2-13 现存立于塞哥维亚的古罗马输水渠

使喷泉成为园林中重要的装饰元素。为了供给罗马城中的用水，古罗马人大规模修建水渠，城市内所有的大型喷泉都连有两条水渠作为正常使用的保障措施。公元前6世纪，罗马城使用加宾石（Gabine）修建渠道的拱顶和墙壁，其中最大的一条下水道从城内广场下通向台伯河，水道尺寸达到了3.3m×4m，相当于一个小型卡车的尺寸。为了方便对管道进行管理与维护，在当时产生了一种专门负责罗马水渠和水源卫生的职业——水道保佐人。据记载，公元33年，罗马的营造官清洁下水道时，曾乘坐一叶扁舟在地下水道中游历了一遍。这样大规模的排水管道在今天也是非常罕见的，古罗马著名的诗人狄奥尼西乌斯在参观完下水道工程后感叹道："在伟大的罗马帝国，最令人瞩目的3项优质工程就是输水道、下水道和道路的建设。"从公元前312年起，古罗马城中持续不断的修建可以从周围湖泊和河流中引用水源的管道，到公元226年左右，罗马城内大型的输水管道多达11条。为了获得更充沛的水源，保证喷泉的水压和流畅性，罗马城的周边建造了许多大小不一的储水池和水库，先将大量的水资源储存在其中，然后利用高差压强的原理将源源不断的水输送到城内，它可以同时供应城中的生活和公共用水。最著名的一条输水渠是塞哥维亚输水渠，它对城市建设起到了重要作用。除了正常条件下的输送水源，古罗马人还利用虹吸原理、连拱支撑输水渡槽等技术，通过疏导和引流，将波涛汹涌的河水转变为涓涓细流，为喷泉、运河、洞窟、水剧场、泳池、天井水池、浴场等设施提供了充沛的水源保证，也为文艺复兴时期的水风琴和秘密喷泉提供了技术上的支持和动力上的保障（图2-12、图2-13）。

2.3.2 中世纪园林

"从古罗马灭亡到意大利文艺复兴，这中间还隔着一个将近1000年的中世纪。这1000年里，在意大利甚至在整个欧洲，没有留下什么关于大型观赏性花园的记忆。"①

西欧的中世纪（The Middle Ages）始于5世纪，止于15世纪，整整横跨1000年。有些人认为这1000年是人类走过的一段漫长而愚蠢的弯路，这1000年中贫穷、迷信和黑暗横亘在罗马帝国古老的黄金时代和意大利文艺复兴的新黄金时代之间。一位历史学家形容中世纪人类的意识"有如梦游，至多只是半醒。"②尽管与古罗马时期的辉煌无法相提并论，但这样偏激的观点无法掩盖中世纪时期产生的灿烂文化，西欧中世纪的人们在政治、艺术、贸易、科学、航海甚至宗教领域，都取得了不可磨灭的功绩，可以说中世纪是一个思想不断探索的时代，一个信仰宗教精神的时代，一个疯狂与偏执的时代。

1. 修道院园林

罗马帝国鼎盛时期版图地域广阔，各种语言、各个种族和各种宗教并行不悖。基督教只是众多宗教流派中的一支。到了公元4世纪，基督教获得了皇帝的扶持，依靠众多的皈依者和官员的强力支持，迅速成为维持帝国新的精神力量。

强大的西罗马帝国衰败以后，中世纪的园林依旧保持古罗马时期的风格。受到宗教信仰的影响，人民的思想与观念趋于保守，大型别墅庄园逐步向修道院花园和城堡式花园发展。当时的修道院是教会培训未来神职人员的场所和研究神学的机构，又称神学院，分为备修院、小修院、大修院3种。到中世纪后期，一些大型的修道院还有医疗、文化、教育等社会机构。

公元5世纪时期，时任北非港口城市希坡（Hippo）的主教圣·奥古斯丁（Saint Augustine）要求建立一座可以用来与众人讨论教义的花园。与此同时，圣经旧约的著名学者圣·杰罗姆（Saint Jerome）在伯利恒（Bethlehem）的修道院里开辟了花园，并督促他的学徒们在花园中进行劳动和修行。

基督教要求清心寡欲的生活方式，园林观赏性的花草逐步退化为实用性为主的园圃。园林作为培育农作物产品的场所，由供给花卉为主的花园、种植蔬菜和香草植物的菜园、提供葡萄的果园、培育药用植物的草药园和畜牧用的草场共同构成。后来，园林中开始蕴含一定的象征性意义，圣母玛利亚（Virgin Mary）的雕像最早出现在花园之中，寓意耶稣的降临。园林象征着传说中的伊甸园（Garden of Eden），成为僧侣们日常劳作或沉思默想的地方。当时的政权林立，战火不断，众多的庭院被围墙所隔，修道院花园成为乱世之中的"庇护所"，修士们在此传授农民农业与畜牧业的技术，旅行者也常以修道院为住所，修道院的花园逐渐成为众多教徒心灵上的"天堂"。

修道院内部大都实行自给自足的经济，修士既是基督教的护卫者，又是田间地头的农夫，园林中种植的植物较古罗马时期更为丰富。经常出现的树木有苹果、石榴、橙子、柠檬、棕榈树和柏树等；菜园中种植的有茴香、橄榄、洋葱、韭菜、萝卜等日常食物；花的种类有佛罗伦萨的蓝色鸢尾、犬蔷薇玫瑰、百合花、康乃馨、茉莉、风铃草等，并且有了更为深层的象征意义。随着基督教取代众多神教成为罗马帝国的正统宗教，许多异教徒也逐渐加入其中。异教中的某些信仰也被基督教吸收，形成了新的寓意。"玫瑰是最具代表性的案例，玫瑰花的许多内涵经过基督教的改造，完美地适应了基督教的思想。先前象征爱情的玫瑰，披上一层神圣的外衣，转而开始象征殉教者和基督的受难和死亡。到了中世纪，玫瑰成了仁爱与超世俗美的化身，它还是圣母玛利亚的首选象征，其中白玫瑰象征她的纯洁与谦逊，而红玫瑰代表她的仁爱与神圣，因此，玛利亚也被称为'天堂中的玫瑰'，是完美无瑕的象征。在《圣经》启示录中，圣母的形象'身披太阳，脚踏月亮'，辉煌无比，这也正是玫瑰绚烂的形象。"③五瓣形的玫瑰花外形与天体中金星的五角星轨迹相符（Rose of Venus），结合玫瑰的艳丽，又成为爱情女神的标志。

早期的基督徒们利用古罗马时代的法院、市场、会堂等一些公共建筑作为传教的活动场所，到4世纪时期，教会开始按照传统的巴西利卡的样式建造教堂。"巴西利卡是长方形的大厅，纵向的几排柱子把它分为几个长条空间，中央的比较宽，是中厅，两侧的窄一点，是侧廊。中厅比侧廊高很多，可以利用高差在两侧开高窗。大多数的巴西利卡结构简单，用木屋架，因为屋盖轻，所以支柱比较细，一般用的是柱式柱子。这种建筑物内部疏朗，便于群众聚会，所以被重视群众仪式的天主教会选中"[④]（图2-14）。

修道院内回廊式花园一般是四分园布局，即两条相互垂直的道路将庭园均分为4块矩形，每块矩形上种植着草坪和果树，路边是修剪整齐的迷迭香树篱。路线相互交叉的点被称为"帕拉第索"，并在交叉点上设计水池或者喷泉，象征流经天堂的4条河流，一奶河、二水河、三酒河、四蜜河，它们是僧侣们进行忏悔和净化心灵的象征物。这种回廊式中庭常位于教堂南侧，是教会日常活动和教义交流的主要场所，回廊的墙壁上描绘着不同题材的壁画，但所选择的主题往往来自于新约、旧约圣经中的故事和一些僧侣修行的故事，以此激发人们对宗教的热情和崇拜。这种将花坛四等分的分割方式也成为文艺复兴时期园林中经常出现的形态。

圣·保罗修道院位于罗马城外南部，与圣·彼得教堂(St. Peter's)、圣·约翰教堂(St. John in the Lateran)、圣·玛丽教堂(St. Mary Major)并称为罗马四大教堂。这座修道院由古罗马皇帝康斯坦丁大帝建造于公元324年，作为圣·保罗墓地。此后不断扩建，成为著名的修道院。修道院内除了各类保存完好的宗教类遗迹外，还留存着建于1220—1241年的围廊式花园（图2-15）。

①陈志华. 外国造园艺术[M]. 郑州：河南科学技术出版社，2013：40.
②王辉. 欧洲中世纪大学产生的根源[J]. 才智，2012.
③阮帆. 玫瑰之名不仅仅是浪漫[J]. 生命世界，2006.
④陈志华. 外国建筑史（19世纪末叶以前）[M]. 北京：中国建筑工业出版社，2010：107.

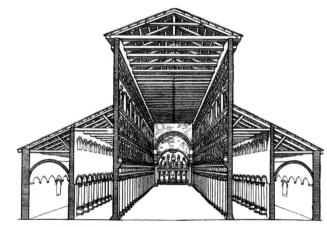

图2-14 巴西利卡式建筑结构

图2-15 圣·保罗修道院庭园

　　圣保罗修道院的平面可以分为中庭、巴西利卡教堂和回廊式花园3部分。通过连续科林斯柱式组成的门廊，就是四周环绕柱廊的中庭，两边的回廊白色柱身略低，中央的红色柱身高大，托起19世纪新古典风格的教堂外墙，外墙上金色的背景使圣徒们的形象更加辉煌，突出了教堂崇高神圣的氛围。在教堂圣坛右边不远处就是中世纪花园，整个花园约为100m×100m的正方形，平面上被道路四等均分，道路在中央的位置交叉，中央圆形的平面上设计有一个小型的圆盆状喷泉。每块绿地边缘由修剪整齐的黄杨树篱围合，中央密密麻麻的满天星众星拱月般围着一株茂盛的凤尾松。四周是沿走廊阵列排布的双排连续拱券，柱身高且细，毫无压抑密实之感，具有纤巧华丽的效果。连续的半开放拱券和谐有序，每5组柱身构成一个单元，每组柱身采用不规则的螺旋环绕，使其富于节奏感。柱身、柱头和拱券上方的脚线都有由暗红、赭色、橄榄绿等颜色构成的不同形式的马赛克装饰图案，四方连续的几何纹是主要的纹样。在柱身的柱头和山花的位置还有各种人物、动物、植物的浮雕，使整个围廊显得庄严又秀巧。精巧的图案设计、复杂多变的脚线、种类多样的雕塑形成了神秘的宗教氛围（图2-16）。

　　圣·加尔修道院位于瑞士圣加尔市，建于公元747年，完美地再现了卡洛林王朝（Carlovingiens，公元751—911）的建筑风格，修道院内拥有世界上历史最悠久、馆藏最丰富的图书馆，早期许多被写在羊皮上的建筑手稿都保存于此。

图2-16　花园内的柱廊

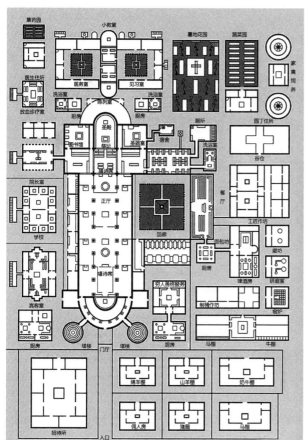

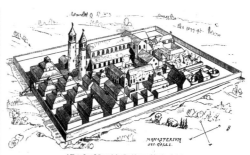

图2-17　圣·加尔修道院平面图、复原图及现状

圣·加尔修道院一直是欧洲最重要的建筑之一（图2-17）。从平面布局上看，以两端为马蹄形的教堂将修道院分为3个主要部分：教堂的左边是学校、会客厅、浴室等建筑；教堂的右侧主要是僧房、餐厅、医院、工作室、墓地、菜园等设施；教堂的最下方是饲养羊、牛、猪、马和一些饲养人员的场所。教堂的右侧，僧房和餐厅共同围合出一个露天的回廊式庭院，垂直相交的两条道路将这个区域分成4个部分。在中央围合出的小型方块区域中设置喷泉，四周种植草坪、花卉与灌木。平面右上角的区域是长条形的蔬菜园和墓地。蔬菜园划分成18块相等的长方形区域，种植不同类型的

食用蔬菜和瓜果。草药园的左侧是墓地，中央横架着教会的十字架，周围是僧侣的墓地，其间还种植着15种左右的果树和灌木植物。在墓地的左侧，是中轴对称式布局的医务室，两边各留有一个小型的回廊庭院，供病人修养理疗使用，最左上方还有一个小型的草药园，同样以长方形的形式进行划分区域，种植各种类型的草药。

如今的修道院正不断发生着变化。教堂的外观是1836年改建的巴洛克式风格，柱头装饰是中世纪早期的卡洛林式，布局是哥特式修道院的平面，教堂和图书馆的外观是巴洛克风格。圣·加尔修道院包含了西欧建筑史上的多种形式，在

1983年，这座宏伟的教堂建筑群被列入世界遗产名录，成为中世纪修道院永恒的代表。

此外，典型的案例还有巴维亚修道院、葡萄牙维多利亚圣·玛利亚修道院等。从平面布局上来看，修道院的花园虽然继承和发扬了古罗马廊柱花园的特色，没有过多的变化，但在宗教信仰的影响下披上了神秘的外衣，无处不在的装饰细节呈现出丰富多彩的形式，成为当时花园布置的一个缩影。

2. 城堡花园

西罗马帝国的灭亡使欧洲变成了各个民族的独立政体，帝国分裂成东哥特王国、法兰克王国、勃艮第王国等10个政权独立的国家，持续的战争与动荡的局势又产生了若干个封建制的小型国家。哥特人、伦巴第人、法兰克人、萨拉森人陆续入侵意大利，战乱纷争不止。到公元1000年时期，仅意大利版图上的封建领主国家就有10多个，这些城邦和公国相互争斗，形成了群雄割据的时代。

封建领主国家往往施行的土地政策是采邑制（Beneficium）。采邑原意为封赏、恩赐，即国王将土地封赏给有功的领主终身享有，领主以向国王效忠和提供兵役等义务。获得封赏的领主在封地内拥有最高的行政权力，同时也可以将权利通过采邑的方式继续下放给下属，形成一种以土地关系为基础的负责关联制度。在当时的社会条件下，采邑制这种土地形式大大提高了国家的战斗力。这样的制度受到当时欧洲各个国家君王的推崇，形成了公爵、侯爵、伯爵、子爵、男爵、骑士等不同等级的职务和名衔。各个不同等级的封建领主出于维护统治和防御战争的目的，在许多区域建造大量城堡，花园大量修建在城堡的边缘或内城之中，形成了独具特色的城堡花园（图2-18）。

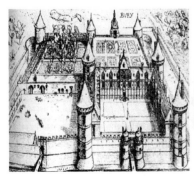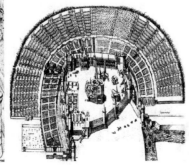

图2-18　中世纪城堡花园鸟瞰图

在中世纪早期，出于战争防御的考虑，城堡往往修筑于地势险要的地方，内外皆环绕深而宽的护城河和壕沟，以高耸的碉堡式建筑作为住宅。花园位于城堡内部，四周是防御的城墙，功能与修道院花园类似，花园中辟有鱼池、凉廊和生产性的果园、蔬菜园和观赏性的绿色植物。13世纪时期，战乱逐渐平息，城堡建筑的结构和园林的规模也随之改变。城堡的规模越来越大，内部空间相应增多，花园的面积也得以扩展。在城堡的内部出现了各种功能的住宅以及宽敞的果园，使用栅栏或矮墙围护的花园，树木修剪成整齐的几何形，大面积的草坪中央设有水池或喷泉，饲养天鹅、鹿等动物（图2-19、图2-20）。

13世纪法国诗人吉晓姆·德·洛里斯（Guillaume de Lorris）在其著名寓言长诗《玫

图2-19　城堡花园内的小花园

图2-20　花园中的凉亭

瑰传奇》中的一些插图形象地展示了人们在花园中欢乐的场景，用详细的文字描述了城堡中的花园："墙和壕沟围绕的庭院里有木格墙，将庭院划分成几部分。这里有唱歌、跳舞的场地，草地中央有个喷泉，水由铜狮口中吐出，落至圆形的水盘中。园中还有修建过的果树及花坛。"在插图中，城墙将各个花园分割，人们身着盛装，有的手持乐器，有的坐卧一旁倾听，有的相互正在窃窃私语，人们围绕着草地中央的贝壳喷泉，一片欢乐愉悦的场景。在另一张插图中，花园面积并不是特别大，两边对称种植着修剪整齐的树木，绿色草地上还有许多的花草植物。中央的喷泉高大华丽，巨大的底盆中有八位男女共浴的雕像，底盆上方有两层装饰的圆台，上面各层都有带有翅膀的小天使雕像，喷泉的水花从最上端天使们手中的器皿中飞溅。在喷泉的周围，石桌和草地上摆放着美酒与各种食物，人们身着艳丽的服饰弹奏着欢快的乐曲，红绿相映，令人神迷（图2-21）。

在园林著作方面，克雷森兹（Pietro Crescenzi）的著作《田园考》(《Opus Ruralium Commodorum》)一书中将园林分为上、中、下3个等级，针对不同等级提出设计方案，其中重点论述了上层等级的园林，向人们灌输了田园景观的基本思想。

到13世纪时期，由于意大利地区的战争逐渐平息和十字军东征带来的东方文化的影响，城堡的造型也发生了显著的变化，开始摒弃压抑笨重的城楼形式，转向居住性的府邸。14世纪时，尽管看起来仍然是戒备森严的城堡外观，但内部已经成为居住使用的住宅。城堡内部的土地终究有限，而城墙之外具备开阔的空间，于是大量供贵族享乐的游乐园、迷园、猎园、结园（Open Knot Garden）便随之出现了。

迷宫自古埃及时期就已经出现，在爱琴文明中的克里特岛有发掘的遗址，当时的迷宫只是房间与过道结构复杂，使人难以走出建筑物。到中

图2-21　玫瑰传奇中的插图

世纪时，迷宫与园林相结合的"迷园"形式逐渐流行起来。迷园在城堡的外围，由高大宽阔而又修剪整齐的树篱围绕人行道组成，绿篱构成非常复杂的平面图案，游人的视线被完全地阻隔，扑朔迷离的道路常常令人迷路。迷园的中心往往是一块造型独特的空地，设有高高耸立的纪念柱作为标志物。这种几何式迷园在城堡花园中的盛行对后世也产生了非常重要的影响，成为花园中常见的游戏场所（图2-22）。英国亨利二世（Henry II Curmantle，1133年3月5日—1189年7月6日）在牛津的伍德佛特克建造了迷园林。查理五世（Charles V le Sage，1337年1月21日－1381年9月16日）在法国巴黎圣保罗教堂庭院中建造有达达罗斯迷宫。18世纪初建造的威尼斯皮萨尔花园便是当今以复杂迷宫而著称的优美花园之一，据说当时连拿破仑都在迷宫中迷失了方向。

结园是古老又神秘的凯尔特结（Celtic knot）利用各种树篱、花卉和草本类植物立体呈现的园林艺术。凯尔特结图案最早出现在古罗马帝国的手工艺品中，随后被广泛应用于各种建筑、工具、织物、饰品的装饰上。永恒结是最基础的形式之一，这种没有开始也没有结束的绳结，代表着无穷无尽的生命力和永不止息的爱意。

结园的布局大多是规则的几何形，城堡的围墙上方是最佳的观赏位置，整齐的树篱被造园者巧妙地穿插引入，编织出一块块带有不同寓意的绿毯。凯尔特结的许多图案造型都有着上百年的历史，为文艺复兴时期出现的更为复杂精美的图案提供了无穷无尽的灵感（图2-23、图2-24）。

图2-22 法国香农索城堡花园迷宫

图2-23 凯尔特结的基础图案

Traditional Lovers Knot

图2-24 凯尔特结的爱结图案及实景

3. 小结

从中世纪园林的功能上来看，不论是修道院园林还是城堡花园都以实用性的目的为前提。菜园、果园、草药园为当时的人们提供了日常生活生产的一些必备材料，是园林中必不可少的区域。11世纪以后，随着生产力的进步和局势的稳定，园林逐渐增加了可以提供给人们美观和娱乐的功能，装饰性也在不断提高。果园中开始不断引进新品种，种植草地、花卉，还有造型各异的喷泉和简易的凉廊和座椅设施。绿篱构成的图案也从简易的几何形变得越来越复杂，对修剪技术的要求也变得越来越高。到中世纪后期，大量结园和迷园的出现实际就已经抛弃了原有的实用性功能，开始追求园林的娱乐性以及自然的情趣。

这个时期的园林大多都是进行局部的设计或思考，没有统一的布局与规划设计，一些简易的棚架和凉廊也略显简陋，只是依照个人的喜好进行建造，没有成为具有较高的美学观赏性和游览性的园林。但是，不同的园林形式促进着园艺形式与技术的不断发展，前世的探索与发现为迎接新时代做好了充分准备，群星璀璨的文艺复兴时期的帷幕被缓缓拉开。

3

文艺复兴
时期托斯
卡纳园林的
形成因素

3.1　地理环境的因素

　　意大利行政区的划分与我国不同，一级行政机构为大区（Regione），全国共有20个大区，大区下设若干个省（Provicia）为二级行政机构。托斯卡纳大区位于意大利中西部，地处亚平宁山脉（The Apennines）的西侧，南部邻接拉齐奥大区，东临翁布里亚大区和马尔凯（Marche）大区，北接艾米利亚—罗马涅（Emilia Romagna）大区，西濒地中海的支海第勒尼安海（Tyrrhenian Sea），总面积约23000km²，人口约375万（图3-1）。

　　大区内以地中海气候为主，右侧的亚平宁山脉阻挡了亚得里亚海（Adriatic Sea）的寒冷气流入侵，面临地中海，来自海洋的暖湿气流在这里聚集。冬季温暖多雨，夏季干燥多风。充足的阳光和宜人的气候使这里成为著名的葡萄产区，为植物的多样性提供了得天独厚的生长条

图3-1　托斯卡纳大区的地理位置

件，成为植物生长的乐园。在蓝天白云之下，深绿色的百叶窗在暖黄色墙壁上和红色屋顶在大自然绿色的衬托下形成了一幅色彩斑斓的立体油画，这也成为意大利人热衷户外活动的一个重要因素。

托斯卡纳区在地理特征上多是连绵起伏的丘陵地，平原多分布于沿海与河谷地，最高点为海拔2165m的奇莫内山，阿诺河（Arno River）与翁布罗内河（Ombrone）是大区内的主要河流，区域内水力资源充沛，独特的地理条件、丰富的水资源、温和的气候和多样而生长茂盛的植物条件为意大利式园林的蓬勃发展和兴建提供了得天独厚的自然条件。

托斯卡纳地区自古就是古文明的发源地，也是公认的意大利艺术的摇篮。意大利语中托斯卡纳的单词形式为Toscana，这个单词演变自埃特鲁里亚（Etruscan）一词。公元前12世纪时期这里被称为埃特鲁里亚（Etruria），埃特鲁里亚人在公元前6世纪时创造了灿烂的文化，其建筑艺术启迪了古罗马人，他们的文字被古罗马人继承，演变为后来的拉丁字母，称得上是古罗马艺术的启蒙老师。

托斯卡纳大区内由佛罗伦萨、卢卡（Lucca）、锡耶纳（Siena）、比萨（Pisa）、皮斯托亚（Pistoia）等10个省份及下属287个市组成，大区的首府是举世闻名的佛罗伦萨（图3-2）。14世纪时期，经济和文化的复苏，在开明的政治制度下的佛罗伦萨开始出现了闪耀着思想光芒的文艺复兴，以但丁、乔托、达·芬奇、拉斐尔等一系列伟大人文艺术家的相继出现使这片充满着美丽风景和丰富遗产的土地变成最绚丽夺目的"艺术之都"。

佛罗伦萨作为文艺复兴文化的发源地，又是整个欧洲的艺术之都，成为汇聚大量绘画、雕塑、科学和建筑人才的宝库，成就了佛罗伦萨历史上最辉煌的时期。深厚的历史文化积淀成为影响托斯卡纳地区园林发展的重要因素，在佛罗伦萨的影响下，锡耶纳、比萨、卢卡、阿莱佐等周边城市也随之成为艺术文化的聚集地（图3-3）。

图3-2　托斯卡纳大区城市组成

图3-3　托斯卡纳大区地形图

3.2 美第奇家族的影响

在欧洲中世纪"信仰的时代"，掌控着基督教信徒精神世界的罗马教廷权倾一时。公元1075年颁布的《教皇敕令》中第九条规定："一切王侯应仅向教皇一人行吻足礼。"把教皇的地位置于世俗君主之上，妄图成为真正的"王中之王"。这样的敕令激怒了神圣罗马帝国的皇帝，彼此双方长期积压的不满和冲突终于爆发，为争夺权力与利益展开了长达200多年的战争。这场战争波及了整个亚平宁半岛，在托斯卡纳地区形成了以锡耶纳为主的神圣罗马帝国皇帝派与佛罗伦萨为首的天主教教廷的教皇党两大派系。利益纷争、势力范围、贸易线路等因素都成为双方派系之间挑起事端的原因，导致整个亚平宁半岛战火纷飞。

13世纪时期，托斯卡纳地区同中世纪一样处于四分五裂的状态，由若干个相对独立的公国组成，相互之间割据分裂，已经逐渐开始脱离教会和皇帝的控制。那不勒斯王国、教皇国、锡耶纳共和国、佛罗伦萨共和国、威尼斯共和国、米兰共和国成为当时相对较大的共和政体。佛罗伦萨的政治权力由行会头目组成的资本家控制，在1282年建立起共和国，政治上的独立促使经济得到了空前的发展和繁荣。到13世纪中期时，尽管佛罗伦萨并不如威尼斯、卢卡拥有可以直接对外进行贸易的港口，但他们在战争中获得了港口城市比萨的拥护，将比萨变成了自己的贸易枢纽。通过羊毛与纺织业商品贸易积累起大量的财富，佛罗伦萨迅速崛起，很快跻身于意大利大型城市之列，由一个小型的城镇中心转化为意大利甚至整个欧洲最重要的城市之一（图3-4）。

佛罗伦萨崛起之后，大量的财务贸易与借贷业务应运而生，银行业也开始迅速发展，创造了惊人的财富。佛罗伦萨富裕的新兴资产阶级的社会地位日益提高，他们发起了对封建社会和宗教桎梏的反抗，逐渐控制城市的权利。美第奇家族（Medici Family）依靠大量财富作为他们控制政权的基础，真正地站上了佛罗伦萨政治的舞台。

在佛罗伦萨，美第奇家族的影响力无所不在，他们的家族族徽遍布整座城市，6个相同大小的圆球构成一个盾形的徽章，似乎给这座古老的城市烙上了永恒的标记。最初的族徽包含12个圆球，随后改为6个圆球，但是5个或者8个圆球的族徽在之后的几个世纪中也经常出现。据说，美第奇家族的祖先是一位药剂师，medicine与medici发音相似，族徽上的圆球代表着药丸。但事实上，这些圆球代表着拜占庭时期挂在商店外钱币兑换的招牌，钱币兑换业务一直是美第奇的家族生意。

美第奇家族对于佛罗伦萨或者整个意大利来说，最大的成就是对艺术的赞助和推动了建筑的发展。在艺术方面，美第奇家族是最早的艺术品

图3-4 1494年意大利地区公国分布

图3-5 15世纪的佛罗伦萨城

收藏家，他们对于艺术的热情包含了许多个人的情感。在建筑方面，美第奇家族耗费了巨大的财富为佛罗伦萨留下了许多著名的建筑。其中乌菲兹美术馆、碧蒂宫、韦奇奥宫（Palazzo Vecchio）等建筑已经成为游览佛罗伦萨必去的景点。大量建筑及花园的建造为建筑师在建筑风格的创新上提供了施展才华的平台，造就了诸多经典的建筑及庭园。这些惊人的贡献使美第奇家族获得了"文艺复兴教父"的美誉（图3-5）。

从14世纪到17世纪的大部分时间中，美第奇家族是佛罗伦萨的实际统治者，3个多世纪里，这个著名的家族里共产生了5位托斯卡纳大公、3位教皇、两位法国皇后，其中一位还影响了法国卢浮宫的诞生。在众多的美第奇家族成员之中，最具代表性的是乔凡尼·美第奇（Giovanni di Bicci de' Medici，1360—1429）、科西莫·迪·乔凡尼·美第奇（Cosimo di Giovanni de' Medici，1389—1464）和洛伦佐·德·美第奇（Lorenzo de' Medici，1449-1492）3人，他们对家族和佛罗伦萨都起到了举足轻重的作用。

3.2.1 乔凡尼·美第奇

乔凡尼·美第奇振兴了美第奇家族势力。他出身并不富裕，被家族的领导者分配到罗马的银行做学徒（图3-6）。乔凡尼在商业中很快展现出他的天赋，在几年的时间里就成为年轻的合伙人，3年后成为罗马分行的经理。1397年10月1日，乔凡尼在佛罗伦萨建立了自己的银行，这也是美第奇银行的创始日。通过在佛罗伦萨拓展银行业务和创办工厂，美第奇家族的势力迅速膨胀。1417年，乔凡尼冒险为在天主教分裂运动中被罢黜的教皇约翰二十三世巴尔瑟萨交付了高达38500荷兰盾的赎金，这笔巨大的金额相当于美第奇银行10年的利润。这件事向世人们展示了美第奇银行的诚信与实力，使美第奇银行在整个欧洲声名鹊起，获

图3-6　乔凡尼·美第奇肖像

得了贵族和富人们的信赖。长期的资本积累使乔凡尼成为当时最富有的人，在城市政治领域的影响力与日俱增。

当时宗教思想倡导人们用自己的劳动换取财富，而通过借贷行为获得别人的劳动成果属于偷窃行为。银行家创造了债务、贪婪和分歧，他们并不是一个正当的行业。著名的文艺复兴诗人但丁将借贷者安排在《神曲》一书的"地狱"之中："第八层则住着放高利贷的人、勾引妇女的谄媚者、买卖圣职的人——他的头被倒控在一个洞中，脚和小腿露在外面，火焰抚摸一般烧着他们。"[①]

随着财富积聚越来越多，乔凡尼对于这类传言的恐惧逐渐加深。在牧师的指引下，乔凡尼选择了佛罗伦萨洗礼堂作为自己资助的项目，他认为每位公民无论贵贱都在这里受洗，因此捐助修建以此达到洗除罪恶，救赎灵魂的目的。

1401年，乔凡尼以市民委员会委员的身份，参加了为佛罗伦萨洗礼堂设计新铜门的活动。委员会最终选出年轻的雕塑家洛伦佐·吉贝尔蒂（Lorenzo Ghiberti）为设计者，这位杰出的艺术家花了21年的时间来完成这面高5.6m的大门，使每个门板都是整块的青铜铸件，每块铸件都以一幅宗教典故来表现基督的生平，镀金的表面使人物的形象显得格外鲜活，整个浮雕洋溢着神圣的金色和朦胧的感觉，后世伟大的雕塑家米开朗琪罗对这组浮雕赞赏不已，给予了"天堂之门"的赞美（图3-7）。

这是美第奇家族第一次参与到艺术资助中。正是这次机会，使吉贝

①但丁. 神曲 [M]. 王维克译. 广州：花城出版社，2014：96.

图3-7 乔凡尼捐助建设的"天堂之门"

图3-8 科西莫肖像

尔蒂走上了伟大艺术家的道路，也打开了乔凡尼的心结，使美第奇家族看到比积累财富更有意义的事情：通过资金上的赞助，以艺术作品的形式开启一个具有永恒价值的世界。

3.2.2 科西莫·迪·乔凡尼·美第奇

乔凡尼之后，他的儿子科西莫担任起家族的负责人，管理佛罗伦萨的金融业务。在他的努力下，将家族银行的分号遍布整个欧洲，为文化和艺术的进步奠定了丰厚的物质基础。科西莫虽在政治上曾遭受到敌对政治势力的迫害，但他用强大的外交能力最终化险为夷，成功地促进了佛罗伦萨的稳定，巩固了自己的势力，成为佛罗伦萨的真正统治者。他不仅是一个精明的银行家，而且是一个充满野心的统治者，开启了美第奇家族的统治时代，成为家族历史上的关键人物（图3-8）。

在他父亲的影响下，科西莫作风朴素，对古罗马的文化和古典艺术的热爱使他对城市的建设充满了热情，并且积极赞助建筑师与艺术家。

为了帮助人文主义者更充分地理解古罗马的文学与艺术，他还出资成立柏拉图文化研究中心，使文艺复兴的人文主义思想更为广泛地被市民所接受。为了使市民充满自信和自豪感，向世人展示佛罗伦萨政治的开明与经济的繁荣，他资助布鲁内莱斯基（Filippo Brunelleschi）设计圣玛丽亚百花大教堂，直至今日这座华丽的教堂依然是佛罗伦萨的骄傲；还捐助了圣马可修道院的建设，成为史无前例的巨额赞助。1430年，为了树立家族的形象，建立长治久安的家族政体，科西莫聘任建筑师米凯洛奇·米开罗佐（Michelozzi Michelozzo，1396—1472）设计建造了外观庄重、宏伟气派的韦奇奥宫殿，在宫殿的入口处，摆放了一尊大卫的雕像。借用大卫的故事来象征自己的统治，建立强大统一的政权，无与伦比的军事成就和受人尊敬爱戴的崇高地位。如今，这些建筑和雕塑都成为举世瞩目的艺术杰作（图3-9）。

出于对艺术家的鼓励和帮助，科西莫支持创作了大量早期文艺复兴园林，为文艺复兴时期的

图3-9　韦奇奥宫殿

园林设计摆脱中世纪的规则、探索新的发展方向提供了必要的条件。从1434—1471年，美第奇家族为慈善事业、公共建筑和捐税付出大约66万块金币，仅科西莫一人就负担了40多万块。在他去世时，全城为他送葬，他的墓碑上还刻有"国父"铭文。在科西莫的影响下，美第奇家族保持了资助文化和艺术的传统，并一直延续到了17世纪，为佛罗伦萨的文学和艺术作出巨大贡献。

3.2.3 洛伦佐·德·美第奇

洛伦佐是科西莫的孙子，当美第奇家族发展到他这一代时，由于接受了贵族的教育，对于艺术的鉴别和欣赏能力达到了一个新的高度。他将主要的精力投入艺术的振兴与发展中，也掀起了文艺复兴创作的高潮，他执政时期成为佛罗伦萨历史上辉煌的时刻（图3-10）。

1469—1492年，在洛伦佐统治佛罗伦萨的23年里，他对人文主义和艺术的赞助达到了巅峰。他的宫廷中聚集着波提切利、韦罗基奥、吉兰达约、佩鲁吉诺、达·芬奇、米开朗基罗等文艺复兴时期的巨匠。波提切利著名的作品《维纳斯的诞生》和《春》就是受洛伦佐的堂兄弟委托而完成的。洛伦佐担心文艺复兴时期佛罗伦萨的艺术水准下降，还在圣马可的私人花园中开设了一座雕塑学校，提供美第奇家族的艺术藏品供学生模仿创作。1489年，年仅15岁的雕塑家米开朗基罗入校学习，洛伦佐非常看重才华横溢的米开朗基罗，允许他自由出入于宫廷中。米开朗琪罗在这样的优越的条件下，投入了大量的时间和精力学习古典艺术和雕塑创作。其间，他创作了早期的代表作品《阶梯旁的圣母》与《卡纳西之战》，过人的天赋与勤奋的努力最终使米开朗琪罗获得了雕塑领域无人可及的地位。此后，米开朗琪罗还为美第奇家族建造的陵墓创作了著名的《晨》《暮》《夜》《昼》4座雕像，如今这4座雕像分别安放在洛伦佐与朱利亚诺·美第奇的石棺之上。

洛伦佐对于艺术、建筑、人文、科学等领域的不断关注，引起了艺术创作和发明的潮流。大批伟大的作品在这个时期相继问世，影响到佛罗伦萨以外的地区，吸引了越来越多的人才前来。他也备受广大市民的爱戴与拥护，获得了"豪华者洛伦佐"的头衔。美第奇家族用富可敌国的财富供给当时的艺术家们创造形式各样的艺术作品，为佛罗伦萨的艺术与建筑发展做出了卓越的贡献，一座座恢宏的宫殿、气派的教堂、精美的雕塑处处彰显出美第奇家族对于艺术的贡献。

3.2.4 美第奇家族的影响

如果说意大利给予了文艺复兴最华丽的舞台，那么佛罗伦萨就是舞台上当之无愧的主角。当时的佛罗伦萨闪耀着耀眼的光芒，正如威尔·杜兰（Will Durant，1885—1981）在《文艺复兴》一书中评价"佛罗伦萨，是意大利的雅

图3-10 洛伦佐肖像

典。"[1]而幕后支撑起这座荣耀的城市的统治者正是显赫一时的美第奇家族，缺少了美第奇家族的支持，文艺复兴绝不会如现在所看到的兴旺辉煌。

在美第奇家族掌控佛罗伦萨的政权之前，连续不断的对外战争消耗了大量的财力。当时的战争与中国传统意义上的战争区别很大，并不是依靠城市内部居民组成的军队，而是依赖着职业的雇佣兵军团进行战争。富有的佛罗伦萨人利用贸易收获的财富去招募雇佣兵团，以此来解放民众在商业贸易中获得更多的利润，而且雇佣兵主要拥有良好的战斗装备、丰富的实战经验和良好的协同能力，战斗力不容小觑。尤其是在1260年爆发的蒙塔佩尔蒂之战使雇佣军一举成名，战斗能力开始得到广泛的认可，雇佣兵也开始成为一个行业。利用雇佣兵进行战争，虽然可以用金钱在短期之内获得战争的胜利，但是雇佣兵的目的是尽可能地赚取报酬，拖延战争、勒索敲诈当权者逐渐为人诟病。

美第奇家族掌握权力之后，通过外交政策平衡处理各方的矛盾势力，减少了战争与动乱，使佛罗伦萨真正迎来了一段和平稳定发展的时期，为文艺复兴取得空前绝后的成果创造了良好的外部环境。在美第奇执政期间，新建了大量具有人文主义色彩的建筑与园林。如斯特罗奇宫（Palazzo Strozzi）、卢西莱依宫等；出于对教皇的敬爱和教廷的拥护，洛伦佐教堂、圣马可修道院、圣弗兰西斯科教堂等宗教建筑在此期间得到了前所未有的发展，成为文艺复兴时期的经典作品。

大量建筑的建造刺激着园林形式的转变，这一时期的园林艺术也得到发展，出现了大批具有探索形式的园林作品。在城市的郊外大规模的建造庄园和别墅，卡雷吉庄园、卡法吉奥庄园、美第奇庄园等在这一时期相继问世，据统计由美第奇家族所创造的园林比意大利任何家族都要多。

3.3　经济的繁荣

欧洲中世纪时期主要实行封建领主制自然经济。西罗马帝国灭亡之后，城市之间的贸易被切断，一度出现了城市经济的衰退和传统商业的没落。十字军东征后，意大利的城市开始逐渐拓宽其贸易范围，10世纪时期，威尼斯共和国成为十字军东征的最大获益者，威尼斯几乎垄断了从君士坦丁堡与小亚细亚港口向西方运输的贸易。精明的威尼斯商人在各港口建立了多种类别的商业机构，他们成为东西方贸易的枢纽，无论是东方的香料、丝绸、瓷器、药材还是西方的羊毛、橄榄、葡萄酒等产品都需要经过威尼斯商人之手才能送达目的地，成为当时地中海上贸易的霸主。

① 威尔·杜兰. 文艺复兴 [M]. 北京：东方出版社，2003：96.
② 坚尼·布鲁克尔. 文艺复兴时期的佛罗伦萨 [M]. 朱龙华，译. 北京：三联书店，1985：62.
③ 朱龙华. 意大利文艺复兴的起源与模式 [M]. 北京：人民出版社，2004：79-80.

在十字军东征的刺激下，城市商业贸易不断扩展，12世纪末期，以威尼斯、热那亚、比萨等海港城邦和米兰为代表的工业型公国为当时的经济大国，而佛罗伦萨还是一个小型的内陆国家，学者布鲁尼在他的《佛罗伦萨颂》中充满热情地赞美它的地理位置，说"一方面它距海足够远，完全可以避免海岸地区遇到的困难"，包括"易发瘟疫的气候、腥浊的空气、潮湿的水汽以及秋天的热病"，还有很致命的一点，"太容易受到攻击"。"另一方面，它又离海港足够近，这样就可以只享受海的益处，而从来不会被它的噩运所困扰，或被它的危险所威胁。"但是布鲁尼也承认，"靠海近的地方或许对商品贸易来说是有用的"。从地理位置上来看，佛罗伦萨既没有翻越阿尔卑斯山进入欧洲腹地的关口，也没有自己的出海口，这成为限制其商业发展的最大障碍。直到1171年，佛罗伦萨在卢卡与比萨的战争中坐收渔人之利，令比萨成为它的附庸国，实现了拥有自己出海口的梦想。1206年，虽然锡耶纳公国在蒙塔佩蒂（Montaperti）战役中打败了佛罗伦萨，但是教皇出手帮助了佛罗伦萨。教皇先禁止了锡耶纳的宗教活动，再以十字军征讨，彻底将锡耶纳的经济击溃，美第奇家族的银行迅速取代了锡耶纳的银行成为教廷税收业务的垄断者，成功掌握了托斯卡纳地区的宗教经济。

"1172年，佛罗伦萨建造新城墙，城内面积只有200英亩；而到1284年再建城墙时，城区就扩大到了1500英亩。"②短短的100年间，佛罗伦萨人依靠毛织工业和银行业获得了堆积如山的财富。到1338年，佛罗伦萨成为仅次于巴黎、威尼斯、米兰和那不勒斯的欧洲第五大城市。"城市人口约有9万人，110座教堂，毛纺业作坊超过200座，年产呢绒价值120万弗罗林，毛呢加工行会每年进口1万匹粗呢。城内还有银行、钱庄80座，每年铸币35万弗罗林，在外地经商的佛罗伦萨人（银行和商业公司驻国外分支机构的办事人员）约有300

名。这座城市每年还要消耗55万桶酒、4000头牛、6万只肉羊和绵羊、2万头山羊和3万头猪。"③

依靠羊毛产业和银行业，佛罗伦萨人迅速积累了大量的财富。商业活动激发了城市活力和创造精神。在美第奇家族掌权期间，科西莫与洛伦佐对于艺术情有独钟，在城市内大量兴建了市政厅、教堂、广场、雕像、花园等诸多宏伟的建筑来向公众展示政府的凝聚力与号召力。人文主义者主张推崇古人风尚，通过宣扬欣赏大自然多姿多彩之美，激发民众对于田园生活的热情。"经济基础决定上层建筑"，在充裕的财富与民众高涨的田园情绪下，一座座奢华的庄园拔地而起，成就了意大利历史上空前绝后的繁荣景象。

3.4　人文主义思想的影响

意大利的城市在获得政治自主后，同时也拥有了文化和领导的控制权力。对外贸易促进了城市之间的交流，加强了对外部世界的探索。集中于佛罗伦萨的新兴的资产阶级地位和实力已经得到了增强，为了进一步将城市文化控制和领导权掌握在自己手中，教育的普及、思维的革新以及城市共和政治的局面让佛罗伦萨人特别重视艺术与科学，在这里每天有新发明和新技艺问世。资产阶级中一些先进的知识分子惊叹于古罗马在艺术、文学、科学等方面的成就，渴望复兴古罗马时的辉煌，因此深入研究古罗马的艺术文化，通过文艺创作来宣传人文精神。他们以复兴古罗马文化为名，改造封建的教会神学文化，通过学习古典的精神风貌和价值取向，形成了以人为衡量标准、重视人的价值、自由意志的人文主义。

人文的方向主要把人当作主体，"以人为本"代替之前的"以神为本"，强调人的主体性，赞颂独特的人格与人性，艺术作品都开始描写人、歌颂人，把人放在宇宙的中心。"以人为本"的基本含义包含以下几点：

第一，肯定人在社会发展中的主体地位和作用。

第二，强调尊重人和塑造人的价值取向。尊重人就是尊重人的社会价值和能力价值，塑造人就是既要描述人的秀美、刚毅和丰富的精神世界，又要把人塑造成权利和责任的主体。

第三，关注人性的个性与共性，树立人的自主意识，处理问题时从关注人的生活和发展命运的角度出发。

第四，否定封建文化和神学的主导地位。

据当时佛罗伦萨的历史学家乔万尼·威兰尼（Giovani Villani，1276—1348）记载："在1336—1338年间，佛罗伦萨全城上学读书的儿童约有8000～1万名，学习珠算和算术的儿童约有1000～1200名，而在较大的学堂进修文法和逻辑的学生则有500～600名。"[1] 当时佛罗伦萨的总人口不过2万，而儿童的上学率达到近一万名，从中我们可以发现当时全城的识字率已经相当高了。教育的普及和革新、商业的繁荣让佛罗伦萨全城洋溢着宽容开放、积极进取的文化氛围；工商业的发展促进了资本主义的萌芽，重视科技，讲究利益，这些都为各方面文化的发展提供了良好的空间。

文艺复兴使西方从此摆脱了封建制度和教会神权的统治，新兴资产阶级势力的日渐壮大为资本主义社会打下了基础，自然科学的发展把人从宗教束缚中解脱出来，改变了人对于世界的认识。并在地理、天文、数学、力学、机械等自然科学方面取得了辉煌的成就。

伟大的哲学家、思想家恩格斯评价文艺复兴是："一次人类从来没有经历过的最伟大的、进步的变革，是一个需要巨人而生产了巨人——在思维能力、热情和性格方面，在多才多艺和知识渊博方面的巨人的时代。给资产阶级的现代统治打下基础的人物，绝没有市民局限性。相反，这些人物都不同程度地体现了那种用于冒险的时代特征。那时，几乎没有一个著名人物不曾做过长途的旅行，不会说四五种语言，不在好几个专业上发射出光芒。"[2]

3.4.1　文学思想

在文学方面，人们开始对古罗马时期小普林尼的书信、维吉尔的《田园诗》、瓦罗的《论农业》、科隆梅拉的《论树木》等园艺著作爱不释手。古罗马著名作家西塞罗（Marcus Tullius Cicero，公元前106年—前43年）提倡的乡村别墅生活以及田园生活情趣，重新成为一种时尚。这些流行的经典书籍，给人们带来了许多的造园启示，人们开始重新了解古罗马时期的生活情趣和对自然生活的向往。如13世纪末，

① 朱龙华. 意大利文化 [M].上海：上海社会科学院出版社，2004：198.
② 中共中央马克思恩格斯列宁斯大林著作编译局. 马克思恩格斯选集 [M]. 北京：人民出版社，1995：455.

博洛尼亚（Bologna）的法学家克雷申奇（Pietro Crescenz，1233—1320）在《乡村艺术之书》中提到的造园技巧：“王公贵族的花园面积以20亩左右为宜，四周设置围墙；建筑、花坛、果园、鱼池等用以调剂精神的设施布置在庭院的南面，北面设置密林、绿篱以阻挡寒风。”这种坐北朝南，利用光照在园林中制造光影效果和舒适体验的想法，在当时的造园活动中被广泛采用。

在佛罗伦萨，人文主义思想的三大文豪——但丁（Dante Alighieri，1265—1321）、彼特拉克（Francesco Petrarca，1304—1374）、薄伽丘（Giovanni Boccaccio，1313—1375）——都表现出对于园林非同寻常的热情。

文艺复兴的开拓者但丁在费耶索罗（Fiesole）建有一座别墅，如今被称为邦迪庄园（Villa Bondi），别墅在15世纪时期曾被改建，其中的庭园几乎面目全非，已经无法窥见诗人当年的庭园情趣了。

被誉为“文艺复兴之父”的彼特拉克在法国建有一座别墅，其中有专门供奉太阳神阿波罗和酒神巴克斯的花园。在他的作品《书信集》中，他对自己的这座别墅赞不绝口，鼓励人们去享受悠闲恬静的乡村生活，激发大家对大自然的无限热爱。他还提议建造花园不应该局限于机械的模仿古代园林的物质景观，而是要透过花园来培养自我世界和自我情感，丰富自我人性。

人文主义思想启蒙者薄伽丘在他的著作《十日谈》中讲述了城市在遭受瘟疫侵袭时，一群逗留在乡村的青年男女欢聚的故事。他们在一座能俯瞰佛罗伦萨的华丽别墅中，享受着花园中令人愉悦的健康空气，相互讲述着生活中的奇闻轶事（图3-11）。

“那地点在一座小山岗上，离通衢大道有一段路程。山上草木郁郁葱葱，叫人看了眼目清凉。山顶筑有一座邸宅，中央是一个宽敞优美的庭院，回廊、厅房和卧室环绕四周，室内布置雅致，装饰着色彩明快的图案。邸宅外面是草坪和长满异草奇葩的花园，园内拥有清冽的井水。”薄伽丘对环境优美的乡间别墅的描写都源于实际。在书内第一日序中出现的是波吉奥别墅（Villa Poggio Gherardo），第三日序中出现的是帕尔梅里别墅（Villa Palmieri），这些别墅真实地反映了当时别墅花园建设的基本设施，使读者充满了对于自由愉悦的乡村生活的向往和期待。

文艺复兴文坛三杰的著作与实践，不仅向人们勾勒出一个充满欢乐和希望的生活，而且城郊优美的环境、葱郁的树林、新鲜的空气、怡人的气候唤起了佛罗伦萨贵族在郊外建造花园的热情。“人性的解放”“古典主义的复兴”以及自然科学的发展迎来了意大利文艺复兴的高潮，也开启了意大利园林的新时代。

图3-11　《十日谈》小说插图

3.4.2　绘画题材

绘画一直是表现人类精神和社会艺术形态的重要手段。在中世纪时期，天主教等宗教思想桎梏着人们的精神世界，宗教成为国家统治者控制政权的一种手段，而直观易懂的绘画则成为最佳的传教手段。这一时期的绘画艺术题材重点围绕着宗教与神话传说，表现的手法也相对扁平化，绘画中的人物也与人们耳熟能详的宗教事件中的人物相关，每个人物都具有标志性的动作；在色彩的使用上也注重象征性，特定的人物必须使用对应的色彩搭配；在绘画造型上强调叙事性为主，整体造型简单、程式化。

进入文艺复兴之后，人文主义的思想使长期被压抑的人性逐渐苏醒。绘画的艺术准则、绘画服务的对象、绘画的题材和理论等都获得新生，掀开了全新的一页。人类不再是宗教中宣称的卑微的存在，而是最优秀、最完美的物种。达·芬奇、米开朗琪罗、拉斐尔等艺术家们不断扩展思维和发挥潜能，开始在绘画中开辟新的题材和构图方式，这些绘画作品对当时的园林发展起到推动作用。

在这一时期中，肖像画与风景人物画大量出现，对于光影表现与空间维度的探索成为重要的研究内容。《三圣贤之旅》是美第奇奥官殿厅堂中的一幅大型壁画。虽然这个故事是圣经中耶稣诞生之后，东方3个国家的国王携带贵重礼物前往圣地耶路撒冷进行朝拜的情形，但是在整个画面之中，画家贝诺佐·戈佐利（Benozzo Gozzoli，1420-1497年）没有依照以往宗教的绘画手法，而是以华丽的色彩和轻松的氛围表现了美第奇家族盛大游行的场面。整幅画在构图上采用了全景画的形式，画中美第奇统治者父子3人头戴金冠，身着金黄色华丽衣饰。背景是起伏的山峰、曲折的道路和密集的丛林，整幅画面显得华丽尊贵，宗教故事成为这件作品的一件外衣（图3-12）。在贝诺佐的另外一幅作品中，是美第奇官殿内小礼拜

堂祭坛左右两边的壁画，画面的主题依然是宗教人物，但是人物之后的背景不再是自然风光，而是人工花园。从画面中可以看出在文艺复兴时期的园林中经常出现整齐的绿篱、花架，以及各式各样的植物配置。而在贝诺佐的人物肖像画中，更是直接影响到了园林中雕塑的形式（图3-13）。绘画与雕塑中的人物都位于壁龛之内，保持着各自的动势。同样的造型出现在美第奇的官殿与园林之中，但雕塑的出现要比绘画作品晚近50年，从中可以看出绘画作品对于园林形式的一些影响（图3-14）。

这一时期另一幅伟大的作品以超凡脱俗的美启发了文艺复兴时期的人们，就是艺术大师桑德罗·波提切利（Sandro Botticelli，1445—1510）的代表作《春》。波提切利的名字意为木桶，他最初只是一名金匠学徒，18岁成为当时绘画大师菲利浦·里皮的学徒，之后便在罗马专门为西斯廷教堂绘制宗教壁画。《春》这幅作品的尺寸是非常惊人的，整个画面的宽度超过了3m，高2m左右，画中的人物尺寸只比真人略小一点。作品的题材来源于当时著名诗人波利希安的寓言诗，中央满面春风的是爱神维纳斯，上方的小天使是她的儿子丘比特，丘比特正手持爱神之箭准备瞄

图3-12　《三圣贤之旅》

图3-13　小礼拜堂及左右壁画

图3-14　壁画和雕塑壁龛中人物形式

准画面左侧身着轻纱的美惠三女神，3位女神分别象征着美丽、青春与
欢乐。最左侧的少年是众神的信使墨丘利，他在罗马神话中是医学和商
人的守护者，脚上的靴子还带有象征着速度的翅膀，手中高举着一根蛇
杖，驱散着冬季的阴云。画面的最右边是西风之神仄费洛斯正在抓住春
神克罗里斯，春神在西风的吹拂下从口中盛开出鲜艳的花朵，一直飘落
到左侧另一位花神费罗拉身上，形成了一件美丽的外衣，如同春天的大
自然一样，转眼间遍地鲜花盛开、生机盎然。整个作品在如茵的草地上

图3-15　波提切利作品《春》

盛开170多个品种、500多朵鲜花，象征着"春回大地，万木争荣"季节的到来，从众神欢欣的形象中表现出对人性的赞美和对自然的热爱（图3-15）。

波提切利作为知名的宗教画家，摒弃了宗教题材创作这幅"另类的"异教徒作品，主要有两个方面的原因：第一，这幅画的委托人就是当时佛罗伦萨的统治者美第奇家族，他们有着开明的思想和艺术眼光，并且大力扶持文艺复兴的艺术创新，据说画面中的墨丘利就是以洛伦佐本人的形象进行描绘的；第二，画家波提切利受到人文主义的影响，开始脱离传统的宗教题材束缚，大胆创作出全裸的人物，人文主义使作者从宗教的思想禁锢中得到解脱，开始意识到人类在现实生活中的力量与改造世界的能力。

这幅伟大的作品位于美第奇家族的卡斯特罗庄园之中，它充分体现出了当时风起云涌的人文思潮给人们带来的思想新生，在美第奇家族的统治下，人们可以自由争论、探讨科学、研究哲学和创造艺术。人们禁闭的心扉重新被打开，告别了宗教的禁欲与庄严，开始竭力去探索新的领域和知识。

在绘画技巧方面，文艺复兴的伟大进步就是对透视法的重新发现与应用。透视（Perspective）起源于希腊文Potike，从一些希腊时期的壁画上就可以看出当时的绘画已经开始应用一些基础的透视，如庞贝的"亚历山大与波斯王大流士战斗"和"卢克莱其奥福隆多内之家"的壁画。透视法尽管起源很早，但在中世纪之前一直没有很大的发展。直到文艺复兴时期，对于透视法的研究才真正成为一门学科，理论和技术都达到了前所未有的高潮。

14世纪时期，艺术家乔托与杜乔的探索为透视法在文艺复兴时期的兴起奠定了基础。他们在作品中开始尝试对透视方法的应用，逐渐使绘画艺术从二维向三维空间进行转变（图3-16）。15世纪时期，布鲁内莱斯基（Filippo Brunelleschi，1377—1446）在前人的基础上进行了改革与创新，以佛罗伦萨大教堂的大门为基准点，面对圣乔瓦尼洗礼堂进行写生实验，并在绘画完成之后，利用画板后的小洞检验透视灭点（图3-17）。

在布鲁内莱斯基之后，他的学生阿尔贝蒂在《论绘画》中详细叙述了线性透视的原理与方法，并深刻地影响了佛罗伦萨的艺术家们。圣玛利亚教堂著名的壁画《圣三位一体》中圣父位于钉在

图3-16 乔托与杜乔作品中已经出现透视的应用

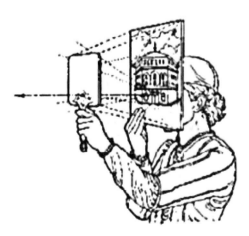

图3-17 布鲁内莱斯基对圣乔瓦洗礼堂进行透视实验

十字架上的耶稣身后，白色的圣灵之鸽飞翔在他们之间，建筑穹顶的线条，体现出强烈的透视感。这幅画中已经出现了唯一性的固定视点和灭点（图3-18）。阿尔贝蒂在书中将透视法运用数学的方式进行了表现。透视的建构可以分为4个步骤（图3-19）。

（1）确定一个矩形的画框和单位长度标准。

（2）对垂直线进行投影变化，将所有垂直线收敛到一个中线点。

（3）"在画框左边确定一条与画框底边划分相同的直线，然后在和中心点相同的高度上确定一个点（如D点），并将D点与所画直线的分点连

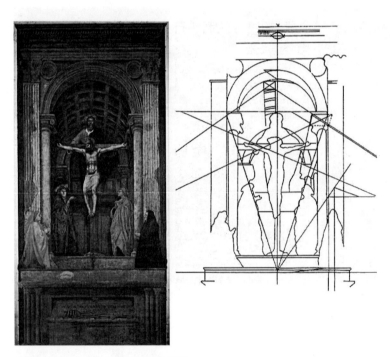

图3-18 《圣三位一体》绘画及分析图

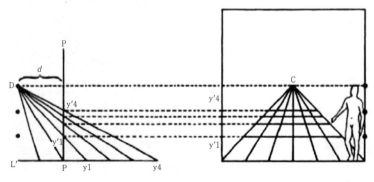

图3-19 运用数学的方式对透视进行表现

①王曦彤. 文艺复兴透视法的"技巧史"[J]. 河北建筑工程学院学报，2014，12.
②陈志华. 外国建筑史（19世纪末叶以前）[M]. 北京：中国建筑工业出版社，2010：107.

接，这时视点从正面变为侧面；其次，确定D视点到虚拟画面的距离（如 d ），这一虚拟画面即垂线PP；再次，画面垂线PP与D点的侧面垂直线投影线相交，形成视觉射线的穿透画面感。这时视觉射线与画面PP相交的点就意味着平行线位置的确定。最后，将这一平行线位置平移到画面的正面位置中，从而确定了在正面C视点情况下，水平线的投影线位置将画面中的多个中心点确定为唯一一中心点。"①

（4）利用对角线检验并确定地平线。

历经数代人的努力，线性透视在数学意义上构建出自己的规则，摒弃了个人感官的随意性，对科学透视法理论的发展起到了重要的推动作用，影响了绘画的构图与题材的变化，并将绘画从一种手工技能提升到人文学科的地位。

园林方面受到线性透视的影响，园林中的草坪和道路的分割变得有据可依。在每条道路的尽头，也就是所谓的灭点处都会进行精心的布置，利用喷泉、雕塑等装饰对灭点的空间进行遮挡，吸引游人前往欣赏；在一些园林的道路设计中，依据近大远小的透视变化原理，使整个空间拥有更广阔的视觉感受，出现了放射性路线和锥形路线。通过道路两旁笔直的树篱来修正透视，造成视觉上的误差，为整个园林带来更加震撼的视觉冲击效果。

画面中平面的二维效果转变为三维立体的层次，改变了之前画面中颜色过于鲜艳的手法，开始追求具有科学原理的透视效果。这样的概念直接将中世纪园林中简易的平面布局引向高处空间，许多园林开始注重整体空间的感受，立体进深的效果，明暗布局的变化，追求复杂的三维立体效果。

3.4.3　建筑创新

在文艺复兴的思想变革下，被遗忘的古罗马时代的古典文化和人文秩序重新得到支持，艺术服务的对象也开始逐渐脱离了宗教统治。在这个巨人时代，建筑的创作受到文艺复兴人文主义思想的影响，才华横溢的艺术家们创造了无数的优

秀建筑作品，群星璀璨似的矗立于意大利亚平宁半岛之上。

文艺复兴之前，意大利建筑的主要功能是服务宗教，哥特式建筑"高"和"尖"的特征成为体现天主教威严与崇高的风格，深受教会的推崇。"新的建筑文化从中世纪市民建筑文化中分化出米，积极地向古罗马建筑学习。严谨的古典柱式重新成了控制建筑布局和构图的基本因素。"②方形、三角形、立方体、球形、圆柱体等基本几何体成为建筑构图的基本元素，将这些基础形体按照倍数关系进行增减变化创造出良好的比例形式；古罗马建筑中的拱券、穹顶、塔楼、壁柱、凉廊等形式也重获新生，尤其是古典柱式在不同的空间被大量使用；建筑的基址部位使用大块毛石进行装饰，故意表现出粗糙的远视效果。

匀称的概念被广泛接受，并作为审美的基本理论。达·芬奇对人体结构的深入研究使其总结出典型和完美的比例和几何构成，以此作为对匀称的解释（图3-20）。15世纪，在维特鲁威的《建筑十书》

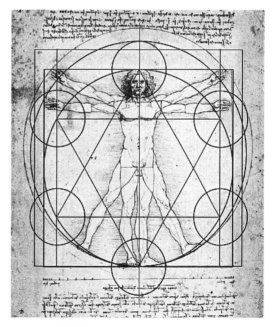

图3-20　《维特鲁威人》分析

遗稿中发现他曾提出：建筑的标准观——坚固、适用、耐久；建筑师的整体观；建筑的类型与生态因素。他更强调"作为本原的数之间有一种关系和比例，这种关系和比例产生了和谐。他们在研究中发现，凡是符合某种数的比率（黄金分割率）的就是和谐的，就能产生美感的效果"[①]。这些理论使文艺复兴时期的建筑达到一个全新的高度，涌现出一大批具有非凡创造力的建筑师。

1. 布鲁内莱斯基

布鲁内莱斯基除对绘画透视学具有重要贡献外，他还精通机械、铸工，是杰出的雕刻家、工艺家和学者。对于透视的钻研使他深入地了解古典建筑的基本原则与比例结构，基础几何图形的组合和正确的比例关系可以创造出整齐有序的建筑。他在佛罗伦萨圣母百花大教堂穹顶、佛罗伦萨育婴堂、圣·洛伦佐教堂以及巴齐礼拜堂等建筑中开始使用独立柱、壁柱等古典柱式（图3-21）。在育婴堂中，他利用高达8m的券廊相连，形成建筑内部的廊道，廊道的支撑采用了古典的科林斯柱式，使人们可以直观感受到古典柱体的魅力。建筑虽然没有华丽的装饰，但整体高贵素净，比例匀称。建筑师乔尔乔·瓦萨里（Giorgio Vasari）赞扬布鲁内莱斯基道："在他那个年代，全意大利都倾慕哥特风格，在无数建筑物里，老辈艺术家都照着做。他重新启用了古典的檐口，并且照本来的样子恢复了塔斯干、科林斯、多立克和爱奥尼柱式。"布鲁内莱斯基使古典主义文化开始广泛的为世人所接受，为创造出全新的建筑风格和形式开辟了道路。

2. 伯拉孟特

伯拉孟特（Donato Bramante，1444—1514）非常推崇古典文化精神，他的代表性作品是罗马坦比哀多礼拜堂，这座礼拜堂主要是为了

图3-21　布鲁内莱斯基与佛罗伦萨育婴堂

①维特鲁威. 建筑十书［M］. 陈平译. 北京：北京大学出版社，2014.

图3-22　坦比哀多礼拜堂及立面分析图

图3-23　伯拉孟特肖像

纪念殉教牺牲的教徒所建（图3-22、图3-23）。建筑的平面采用圆形集中式布局，由柱廊和圣坛两个同心圆构成，立面上可以看作两个大小不一的圆柱。造型上参考了古典柱式的神殿，上半部为半球圆形，16根高3.6m的多立克柱式构成直径6.1m的柱廊，柱廊的宽度为与圣坛的高度相等，包含穹顶的十字架总高为14.7m。建筑虽然体积上很小，却表现出丰富的层次感，简单的几何形体进行着多种形式的变化，从上而下一气呵成，浑然一体、虚实映衬、构图饱满，多立克的柱式显得刚健有力。

　　1550年左右，罗马教皇朱利叶斯二世（Pope Julius II）开始着手梵蒂冈花园（Vatican Garden）的设计建造，选择了伯拉孟特作为建筑设计师。伯拉孟特吸取了阿尔伯蒂的对称和均衡理论。由于梵蒂冈宫与望景楼之间有非常明显的高差，伯拉孟特设计了两个平行的凉廊，靠近梵蒂冈宫有3层，到望景楼变为两层，通过阶梯式的变化形成自然的过渡。在两个凉廊间的建筑设计为一个外凸的壁龛，使整个壁龛不仅成为花园的中心，也是一点透视的中心点（图3-24）。

　　伯拉孟特并不是对古典建筑进行简单地模仿，而是创造出一种具备古典气质的纪念性建筑，被后人称作是文艺复兴盛期的纲领性作品。梵蒂冈花园的建造对后世的建筑产生了深远的影响，成为建造圣彼得大教堂的前奏，至今在欧洲

还经常看到以它为原型的仿制品。

3. 安德烈亚·帕拉迪奥

　　帕拉迪奥（Andrea Palladio，1508—1580）是西方建筑史上极具影响力的建筑师，也是被模仿最多的一位。他建筑创作的灵感取自于古典建筑，作品中都透露出平衡与对称的美感，在古典建筑基础上创造的人字形建筑已经成为欧洲和美国政府类建筑的原型。

　　1570年，帕拉迪奥出版发行了《建筑四书》（《I Quattro Libri dell' Architettura》），书中对他的建筑理念进行了概括性的总结，还收录了大量古罗马古典柱式和比例尺度，为建筑师提供了很多行之有效的建议，是与阿尔伯蒂《论建筑：阿尔伯蒂建筑十书》一样具有深远影响力的巨著。在建筑设计方面，帕拉迪奥将古典神庙的立面和教堂之上的圆顶外观与世俗建筑相融合，尤其擅长带有古典柱廊的乡间别墅。其中最具代表性的作品是1567年建造的维琴察圆厅别墅（Villa Potonda）（图3-25）。

　　圆厅别墅建造在一块高起的坡地之上，采用了集中式的布局，正方形的平面中央为一个圆形大厅，四面完全对称，立面也全部相同。在建筑的入口处，6根爱奥尼柱式顶起三角形的山花，建筑形式简洁大方，尺度比例匀称，构图严谨精确。柱廊成为室内外的过渡空间，从建筑的内部

图8-24 现在的梵蒂冈花园与早期规划透视图

图3-24　现在的梵蒂冈花园与早期规划透视图（续）

图3-25　安德烈亚·帕拉迪奥与圆厅别墅

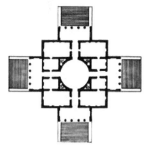

图3-26　圆厅别墅外观及平面图

到户外的花园产生了一种和谐感，减弱了方形主体的单调与冷漠。圆厅别墅整体由最基本的方形、圆形、三角形、圆柱形、球形等构成，造型简洁，相互结构之间造型高度协调、大小适度、主次分明（图3-26）。

帕拉迪奥从古典建筑中提炼出精华的部分，将它们解构在新的建筑中，充分体现了他对于古典主义认识的深度和创造性，西方建筑史上将他这种根据古罗马和希腊传统建筑的对称形式称为帕拉迪奥建筑。直到近代，美国总统托马斯·杰弗逊（Thomas Jefferson）在设计蒙蒂塞洛别墅（Monticello）时还参考过他的建筑形式。

4. 贾科莫·维尼奥拉

维尼奥拉（Giacomo Barozzi da Vignola，1507—1573）是文艺复兴晚期一位非常重要的建筑师，不仅在建筑方面而且在造园艺术上也有非常高的造诣，他设计的法尔奈斯庄园、兰特庄园成为意大利文艺复兴时期园林的巅峰之作。他在对古罗马建筑研究的基础上，出版了理论著作《五种柱式规范》，以简单质朴的模矩关系诠释了五大柱式，精准地运用柱式的手法，成为文艺复兴晚期以及折中主义建筑的古典法则。

图3-27　维尼奥拉与罗马耶稣会教堂

　　维尼奥拉在1568年开始设计的罗马耶稣会教堂成为他从手法主义向巴洛克风格过渡的代表作品，被称为第一座巴洛克建筑。整座建筑为长方形平面，突出顶部的神龛，造型由哥特式教堂的拉丁十字形演变而来。在立面处理上，正门之上设计有多层的檐口，错落地穿插着弧形的顶部和山花的三角形，大门两侧设计有对称的倚柱和壁柱，上部设计一对动感的大涡卷，形成了早期的巴洛克式的风格，冲破了文艺复兴晚期对于古典建筑的种种规则。这样的手法被大量使用，巴洛克建筑风格便由此诞生，影响到整个欧洲建筑（图3-27）。

　　从早期的哥特式建筑风格到古典建筑风格的复兴，直至最后的巴洛克建筑风格的兴起，多才多艺的建筑师们在设计建筑的同时逐渐地改变了园林的面貌。由于园林只是作为建筑的附属和陪衬，建筑风格影响到园林往往略晚，所以当哥特式建筑风格逐渐退出历史舞台时，园林的面貌还未有较大的变化。建筑的外形和几何构图也在形式上深刻地影响着园林的布局变化。

3.5　阿尔伯蒂造园理论的影响

　　莱昂·巴蒂斯塔·阿尔伯蒂（Leon Battista Alberti，1404-1472）是文艺复兴时期意大利著名的建筑师、作家、诗人、语言学家、哲学家、密码学家，倡导文艺复兴运动的人文主义者，也致力于道德哲学、制图学和密码学等方面的研究，他是文艺复兴时期的全才型人物（图3-28）。

①（意）莱昂·巴蒂斯塔·阿尔伯蒂．建筑论——阿尔伯蒂建筑十书［M］．王贵祥，译．北京：中国建筑工业出版社，2016．
②（意）莱昂·巴蒂斯塔·阿尔伯蒂．建筑论——阿尔伯蒂建筑十书［M］．王贵祥，译．北京：中国建筑工业出版社，2016：17．

图3-28　阿尔伯蒂肖像

在建筑设计中，阿尔伯蒂将丰富的想象和缜密的逻辑完美地结合在一起。在布鲁内莱斯基去世以后，他就成了意大利文艺复兴建筑的主要引领者。阿尔伯蒂所设计的佛罗伦萨鲁切拉宫和新圣玛利亚教堂的正立面以比例和谐著称于世。1485年，阿尔伯蒂的著作《论建筑：阿尔伯蒂建筑十书》（《De re aedification》）出版发行，将文艺复兴建筑和园林的营造从实践提升到理论的高度，成为当时第一部完整的建筑理论著作，有力地推动了文艺复兴运动的蓬勃发展。

阿尔伯蒂在《论建筑》中没有开辟章节针对园林的建设营造进行单独论述，但却对建筑相关的外形轮廓、材料、建造、公共建筑、个人建筑、装饰、神圣建筑的装饰、世俗性公共建筑的装饰、私人建筑的装饰、建筑物的修复问题进行了个性鲜明的阐述，其中涉及许多园林的建设理论，勾画出自己设想中的理想园林。

考虑气候与地理位置，"最健康的空气就是那种最纯净、最少受到污染、最容易被视线穿透、也最透明而清亮的空气，它总是平静的，大部分时间是不改变的；反之，我们称那些乌云密布、雾气朦胧、浓郁如墨、气味郁积的空气是会引起

瘟疫之气，因而，它使人愁苦，令人沮丧。"[①]阿尔伯蒂开篇就对建筑建造的环境以及风与太阳对建筑的影响提出了一系列的见解，这与中国传统文化中"风水学说"对于房屋的选址一样，意大利人对于建筑周边的环境也有着周密的考虑。

"考虑房屋基址朝向太阳的品质与角度，使其没有过度的阳光和阴影，不是一件坏事情。使建造地点有一种具有尊严和令人愉悦的外观，使其建筑用地不是那种既卑下又地陷的山谷之地，而是一块抬升了的可以居高临下之地，在那里空气是令人愉快的，并且是被一些来来回回的风所不断更新的。""更进一步，我主张将一位绅士的住宅布置在能够显示其尊严的地方，而不是设置在一段特别肥沃的土地上，在那个地方，可以享受到微风、阳光和景色等方面的所有恩泽。应该很容易就能够从田野中到达那里，为了到访的客人要有一个慷慨的接待面积；它应该在美景环绕之中，并使它自身成为一些城市、城镇、一段海滨，或平原中的一个景观；或者，它应该拥有一些引人注目的山丘或山峦的山峰，令人愉悦的花园，有令人着迷的经常去钓鱼和打猎的地方。""既能够离城市很近，又能够容易抽身去做你自己想做之事，两者兼而有之是非常有利的。一个接近一座城镇的地方，有着明晰的道路和令人愉快的周围环境，将是最受欢迎的。因此，我会将这座建筑建造得稍微欢快一些；而且我也会将通向这座建筑物的道路缓缓地抬高，使他们在完整地浏览这里的郊野景色时并没有意识到自己已经登上了多么高。"在书中，作者不止一次地谈及建筑基址的位置选择问题，高高的地势和拥有迷人的风景成为必须要考虑的重要因素。也使无数的名门贵族开始选择离开城镇，到能够俯瞰整个地区的山脚去修建度假的圣地。

阿尔伯蒂对台地式园林的基本建造形式进行了说明，"如果这个房屋覆盖范围是位于一座小山的山顶上，基址应该在水平方向向外推，或是在一些点上增大侧面，或是将小山的顶端削平。"[②]

正是利用水平向外推的方式，才能引出整齐的台层，然后利用地势原本的高差，形成多级台层。发展文艺复兴时期意大利园林创新的基础理论，对于园林中设施布置与植物的搭配也有着具体的描述。

（1）在园林中种植令人愉快的花木和一个花园柱廊，可以使人享受到阳光与阴凉。

（2）在园林中设计用于节日欢庆或聚会而用的开敞空间。

（3）水源要充足，可以满足花园中的需求，小溪流或喷泉可以从几个出乎意料的地方喷涌而出。

（4）散步的小径两旁需要布置常绿的植物作为引导。

（5）根据植物的习性特征，可以通过人工的方式将月桂属树木、柑橘类植物和刺柏类灌木塑造成圆形、半圆形，以及其他一些几何形状。

（6）在园林中使用石制或陶制的大型花瓶作为装饰点缀。

（7）在散步的小径上建造由科林斯大理石柱支撑的柱廊，可以为路人遮阴。

（8）树木不论是几行都应保持直线，成列的种植应当按梅花形五点排列（Quincunx）的方式进行布置，在相等的间隔上用相互配称的角度，并适当种植一些珍稀的花草和具有医疗价值的草木。

（9）利用黄杨木或充满芬芳的花草来书写园林主人的名字。

（10）在道路的尽头，利用月桂树、西洋杉、杜松等植物围合组成古雅的凉亭。

（11）雕塑与大理石坐凳按照一定的间隔布置，树篱可以修剪成壁龛的形式。

（12）在一个矩形的庭院中，使用直线划分出道路，用修剪成长方形的黄杨、夹竹桃及月桂树等植物环绕在它们边缘。

（13）在园路中央相交的地方建造月桂树的祈祷堂，周围设有迷园和拱形绿廊。

（14）在流水潺潺的山腰筑造凝灰岩的洞窟，并在其对面设置鱼池、草地、果园、菜园。

小普林尼在书信中对于古罗马别墅庭园的描述成为阿尔伯蒂建立自己理想园林理论体系的依据。在他的设想中提及的以绿篱围绕草地、在洞窟周围设置鱼池、藤蔓植物围绕拱廊的手法逐渐成为意大利园林中常用的一些手法。

"其建筑理论在美学范畴内可归结为他称之为'和谐论'（Cocinnitas）的一段论述：整体中的所有部分都合理并充分协调，这样，什么都不用增加、减少或更改，要不然会更糟。"[1]阿尔伯蒂还强调将建筑放在一定的环境中加以论述，对环境与建筑的关系提

①（美）伊丽莎白·巴洛·罗杰斯．世界景观设计 I ——文化与建筑的历史［M］．韩炳越，曹娟，等译．北京：中国林业出版社，2005：112.

②（意）莱昂·巴蒂斯塔·阿尔伯蒂．建筑论——阿尔伯蒂建筑十书［M］．王贵祥，译．北京：中国建筑工业出版社，2016.

③（瑞士）雅各布·布克哈特．意大利文艺复兴时期的文化［M］．何新，译．北京：商务印书馆，2007：148.

出了一系列的见解。他主张如果建筑物内设有圆形的图案，那么在园林之中也要尽量设计与圆形呼应的部分。反对古人所偏爱的沉重、庄严的园林氛围，认为园林应尽可能轻松、明快，除必需的背景外，减少阴暗的区域。在园林的建设方面，阿尔伯蒂提倡节俭，反对奢华和过分的铺张浪费。"我的结论是，任何希望正确地理解真实的正确的建筑装饰的人都必须认识到，装饰之基本构成与产生并非由于财富的堆积，而是由于智巧的展露。这并不是说凡事过于精美的材料都应该被完全拒绝或排斥；但是他们应该节俭地被用于最能显示其高贵性的地方。"[②]

阿尔伯蒂在书中不断提到的一个话题就是建筑的独创性和新奇性。"对于任何综合了独创、优美和智慧的东西我都是非常喜欢的。虽然其他一些著名的建筑师似乎通过他们的作品而主张使用多立克，或爱奥尼，或科林斯，或塔斯干式的比例分配是最为便利的，但没有说明为什么我们应该在自己的作品中追随他们的设计的理由，好像一切都是顺理成章的；但更为恰当的是，被他们的实例所激发，我们应该努力设计我们自己创造的作品，去抗衡，或者，如果可能的话，去超越他们作品中已有的辉煌。"

雅各布·布克哈特（Jacob Burckhardt）在其巨著《意大利文艺复兴时期的文化》（《Die Kultur der Renaissance in Italien》）中赞扬："15世纪特别是一个多才多艺的人的世纪，在这些巨人的形象里，莱昂·巴蒂斯塔·阿尔伯蒂值得我们做片刻的研究。他的传记仅仅是一个片段，谈到他是一个艺术家的地方很少，并且完全没有提到他在建筑史上的重要性。莱昂纳多·达·芬奇和阿尔伯蒂相比，就像完成者和创始者一样。"[③]《建筑论》将建筑学科纳入到科学与艺术的范畴中，延续了维特鲁威建筑上"坚固、实用、美观"三原则思想。对文艺复兴时期建筑与园林的建造产生了深远的影响，成为西方建筑理论和思想的基础。阿尔伯蒂超越了他所在的时代限制，虽然是在文艺复兴时提出的设计原则，但是依然适用于当代的景观园林设计，许多的观点和理论仍然值得我们学习。

3.6　小结

托斯卡纳园林在地理环境、美第奇家族、经济繁荣、文艺复兴的文学、绘画、建筑和阿尔伯蒂造园理论的多方面影响下，在园林设计者们的不断尝试和拓展下，园林形式开始从古罗马时期、中世纪时期的基础上逐步产生变化，探索一种全新的园林艺术形式，以适应文艺复兴时期人们对于田园生活和精神享受的新要求。

其中，建筑形式的不断变化和阿尔伯蒂的造园理论起到了至关重要的作用。建筑的形式直接影响到园林的布局和空间结构，从古典主义柱式中提取出"三段论"的思想在园林中得到广泛应用。阿尔伯蒂的思想则成为园林中许多细部空间的具体体现，像利用植物雕刻出家族徽章的手法延续至今。这些都为托斯卡纳园林在文艺复兴时期的创新和发展提供了理论依据和实践保证，从而建造出一座座独具特色的园林。

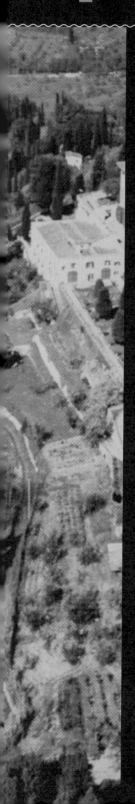

4

文艺复兴
时期的
托斯卡
纳园林

4.1　文艺复兴初期的托斯卡纳园林

　　"从14世纪，也就是文艺复兴运动开始，意大利的造园艺术渐渐复苏，此后200多年间，出现了一大批水平很高的园林，在世界造园艺术中耸立起一座独特的高峰。在对欧洲产生深远影响的意大利文艺复兴文化中也有造园艺术。"[①]

　　文艺复兴初期，托斯卡纳地区的人们在思想上还承受着宗教思想的枷锁，园林建筑仍深烙着中世纪的印记，这一时期美第奇家族逐渐开始控制佛罗伦萨地区，在城郊外建设了多座美丽的庄园。尽管在建筑形式上还留着中世纪哥特式建筑的痕迹，但从建筑本身一些部位的细节特征可以看出，建筑师受到人文主义思想的影响后，开始逐步挖掘自我意识与建筑风格，努力摆脱中世纪沉闷笨重的风格的影响，尝试结构轻盈、造型优美的文艺复兴式风格。

　　阿尔伯蒂在著作中提出的具体的造园方针，对后来的园林发展产生了巨大的促进作用，将阿尔伯蒂等人的园林规划设想应用在建造项目中的是当时显赫一时的美第奇家族。从阿尔伯蒂开始，美第奇家族培养了许多学者、艺术家。出于对田间别墅生活的向往，美第奇家族建造了卡雷吉奥庄园、卡法吉奥罗庄园等一系列文艺复兴庄园。

4.1.1　中世纪的余晖——卡法吉奥罗庄园

　　卡法吉奥罗庄园（Villa Cafaggiolo）坐落于佛罗伦萨北部约25km处穆格罗地区的西耶伍河谷（Valley of the River Sieve）。这座庄园是美第奇家族最古老的一处产业。1452年，科西莫请建筑师米开罗佐对此地进行建筑的改造和园林的设计（图4-1）。

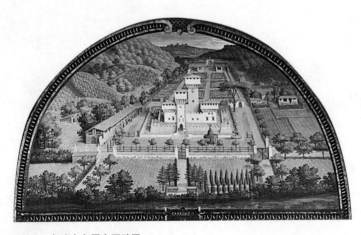

图4-1　卡法吉奥罗庄园壁画

①陈志华. 外国造园艺术[M].郑州：河南科学技术出版社，2013：42.

这座庄园的设计完全采用了中世纪的建筑风格。据说是因为科西莫对于建筑师米开罗佐在1444年设计的第一座文艺复兴宫殿吕卡第府邸（Palazzo Medici-Ricardi）的建筑风格表示不满，因此，在设计这座庄园时，米开罗佐直接放弃了文艺复兴风格的元素。在建筑的设计上，他将中世纪风格与古典风格相结合，并刻意模仿市奇奥宫（Palazzo Vecchio）的外观，对高度和规模进行调整，使其在外观上表现为中世纪的城堡。城墙由4个带有雉堞的角楼配合着壕沟与吊桥构成了戒备森严的警戒线，形成庄严肃穆的氛围。

卡法吉奥罗庄园在19世纪时曾进行改建，拆除了壕沟与吊桥，花园的布局也进行了调整（图4-2）。通过建筑内墙面的壁画作品，可以了解别墅外观到花园的布局情况。别墅前方的空地以建筑为中心分为3条主要道路，中间的一条通往建筑内部，两边的道路通往别墅后方的花园。别墅前方的草地上，整齐地种植着树木，右边有一个类似绿色植物修剪成的凉亭，凉亭的旁边是3层跌落的喷泉水池。喷泉和凉亭并不像同时期的园林一样出现在中央或者对称的位置，而是一反常态地出现在建筑物的右边角落。温室和牲畜棚及其他附属建筑则并列在建筑的左侧，形成画面上的平衡。别墅后方还有一个花园被整齐划分成对称的部分，中央半圆形喷泉水池将一座壁龛环绕。现在这座庄园的花园的布局随着时代的变迁已经面目全非，只剩下建筑依然留存着当年的不凡气势供游人瞻仰（图4-3）。

科西莫经常邀请文艺复兴时期的著名学者来此聚会，美第奇家族中许多重大事件也在此发生。这里虽不是美第奇家族最大、最奢华的住所，但穆格罗地区是美第奇家族的家乡，配合着气派豪华的建筑外观，成为美第奇家族经常居住的郊外别墅。

4.1.2 变革的曙光——卡雷吉奥庄园

卡雷吉奥庄园（Villa Careggio）是美第奇

图4-2 卡法吉奥罗庄园鸟瞰图

图4-3 卡法吉奥罗庄园古堡式的外观

家族在文艺复兴开始后不久建造的第一座庄园建筑（图4-4、图4-5）。1417年科西莫·迪·贾凡尼·美第奇购买了此地，并聘请建筑师米凯洛奇·米开罗佐在1452年设计了建筑与花园。

卡雷吉奥庄园位于佛罗伦萨西北方3.5km处，总占地约38亩。整个庄园的平面呈不规则矩形，北端较为狭窄，中央相对宽大。米开罗佐采用了

图4-4　15世纪时期卡雷吉奥庄园壁画

图4-5　卡雷吉奥庄园版画

文艺复兴式建筑风格，只对些许地方进行了改动，可以反映出米开罗佐对于中世纪建筑风格的熟练程度以及接受人文主义思想之后对建筑形式上的细微改动。

　　卡雷吉奥庄园是文艺复兴式建筑，土黄色的墙壁上开窗很小，顶层檐部向外挑出（图4-6、图4-7、图4-8）。在面向花园的内院，米开罗佐采用了少见的非对称式立面（图4-9），在建筑的左边设计了一个局部二层的敞廊，扩大了视觉范围，减缓了中世纪城堡式建筑封闭、沉闷的感觉。在两个敞廊之间设计有休息的区域和一个小型的喷泉。建筑的地势虽较为平坦，但站在建筑的平台上可以居高临下地将附近一带的美丽风光尽收眼底，还可以欣赏内部园林中的图案花纹组合。花园的布局比

图4-6　卡雷吉奥庄园二层敞廊

较简单，延续了中世纪时期花园的一些特征，四分园十字形平面的中央有一个古朴的圆形喷泉，喷泉四周的石凳都利用黄杨树修剪成壁龛的造型（图4-10）。一组骑着鹰的男子雕塑喷泉分立园林道路的两旁，在草坪之内还有随意散落的装饰陶瓶，藤蔓缠绕的绿廊与盆栽柑橘在临近建筑的地方整齐排列（图4-11）。

1459年，科西莫在此设立了柏拉图学院，将这座庄园变成当时人文主义者交流聚会的中心，这里也成为科西莫和洛伦佐去世之地。米开罗佐在设计上已经开始使用文艺复兴式建筑风格，文艺复兴的曙光已经开始照耀到园林之中，在随后的建筑与园林之中将迎来新的变革与创新。

图4-7　卡雷吉奥庄园外观

图4-8　卡雷吉奥庄园鸟瞰图

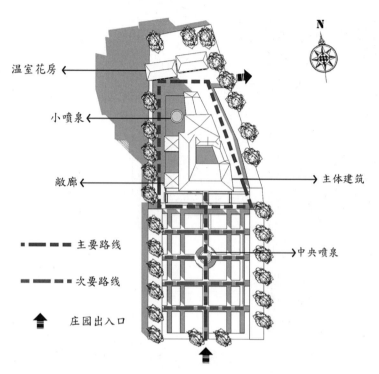

温室花房

小喷泉

敞廊

主体建筑

中央喷泉

主要路线

次要路线

庄园出入口

N

图4-9 卡雷吉奥庄园平面图

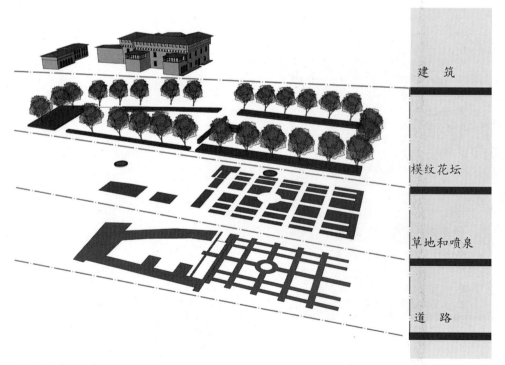

建 筑

模纹花坛

草地和喷泉

道 路

图4-10 卡雷吉奥庄园图层分析

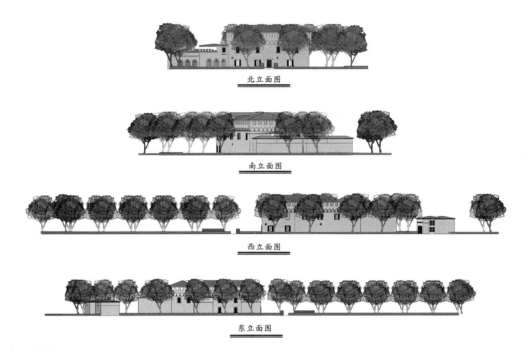

图4-11 卡雷吉奥庄园立面图

4.1.3 台地园的开端——美第奇庄园

美第奇庄园（Villa Meidici）位于佛罗伦萨的菲耶索莱（Fiesole）小镇，它是意大利早期文艺复兴的庄园之一。美第奇庄园是科西莫·迪·贾凡尼·美第奇在15世纪中叶请建筑师米开罗佐设计建造的。

美第奇庄园建造在5英亩的天然陡峭山坡上（图4-12、图4-13），米开罗佐采用莱昂·巴蒂斯塔·阿尔伯蒂在《建筑论》中的建议，将别墅选在了较高的位置，这里可以沐浴阳光、享受微风、欣赏美景。整座庄园面向西南山谷，依山就势，浑然一体。

美第奇庄园的位置与《建筑的艺术》中环境描写的一模一样，这里视野开阔、景色优美，其视野内有远处的穹顶和佛罗伦萨林立的塔楼，阿诺河的平原湿地和雾锁烟迷的丘陵。冬季的寒风有东北山体阻隔，夏季清凉的海风自西侧而来，微风轻拂，温暖宜人，四季如春，从方形的窗和大面积的凉廊可以眺望周围的景观。

美第奇庄园是典型的15世纪的方形建筑，庄园整体由3级台地构成，上层台地有东侧和西侧两个花园，中央台层是4m宽的茂盛的廊架，也是连接上下台层的通道，最下方是底层花园（图4-14、图4-15）。由于地形和地势的限制，各层台地均呈窄长条状，从入口到建筑约80m长，而宽度却不足20m。上层台地面积最大，东西向是庄园的主轴线，

图4-12　美第奇庄园鸟瞰图

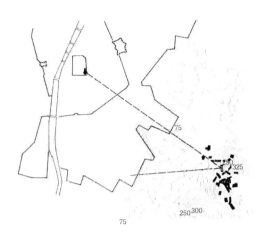

图4-13 美第奇庄园远景分析图

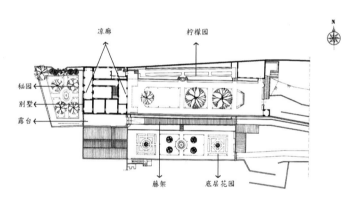

图4-14 美第奇庄园平面图

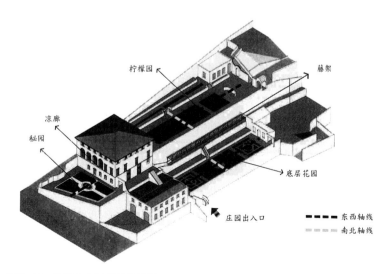

图4-15 美第奇庄园轴线分析图

图4-16　美第奇庄园柠檬园

图4-17　美第奇庄园廊架

从东到西依次设有水池广场、树畦、草坪、别墅以及小花园。别墅东侧的花园是庄园中的主要花园，别墅中客厅和其他接待室与该花园露台在同一水平面上。主要花园的视野最为开阔，极目所至，秀丽景色尽收眼底。花园由柏树、圣栎木、盆栽的柠檬树和矩形草坪组成（图4-16）。西侧是几何形水池。围墙和植物的围合使草坪广场的空间更加完整，导向性也更加明晰。上层台地的另一个花园则在西侧，建筑对面的一楼，较之前的小一些，像是一个独立而隐蔽的秘密花园。大木兰树的树荫下，泡桐、花坛和绿篱也显得生机勃勃，4块绿篱植坛围绕着中央的大喷泉和椭圆形的水池。

中央台层主要起到连接上下台层的作用，所以宽度相对较窄，道路上方设计有茂密的藤架（图4-17）。下层的花园中心有圆形泉池和精美的雕塑，水池两侧各有一块矩形草地，4棵乔木对称放置。草地两侧又有绿篱植坛，几何形的植坛造型优美奇特。这个花园露台严格按照对称的几何形布置，便于从高处观赏，使用规整的图案表达出政治的权威。

庄园中虽然没有奢华的装饰，但它根据地势起伏别出心裁地设计出高低错落的台层（图4-18、图4-19），设计手法简洁大方，空间布局

井然有序，使庄园与周围景色浑然一体，也为后世创造出令人震撼的台地式园林提供了无限的灵感，堪称是园林艺术史上的经典之作（图4-20）。

从卡雷吉奥庄园到卡法吉奥罗庄园再到美第奇庄园，可以看出建筑师米开罗佐在设计风格上的演变过程，从中世纪的建筑风格到文艺复兴人文主义风格，在建筑与园林之中产生了许多改变，他也是主张建立建筑内部和外部之间联系的古典理念的首批文艺复兴建筑师之一。

4.1.4　人文的探索——波吉奥·阿·卡亚诺庄园

卡亚诺庄园（Villa Poggio a Caiano）是美第奇家族在文艺复兴早期在建筑和园林建造风格上的又一次有趣的尝试，它位于佛罗伦萨西部约15km左右的奥姆布罗内河（Torrente Ombrone）沿岸。这座庄园是洛伦佐·德·美第奇于1485年请建筑师朱利亚诺·达·桑迦洛（Giuliano da Sangallo，1445—1516）设计建造的。

在提倡理性、反对封建的人文主义思想的指导下，庄园的建筑与花园的风格成功地实现了从沉闷笨重的城堡样式向明朗开敞的文艺复兴时期建筑样式的飞跃（图4-21）。整个庄园总占地面积约78亩，平面呈不规则的几何形，但是别墅所在

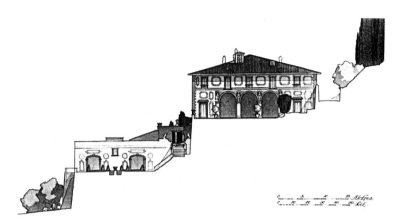

图4-18 美第奇庄园剖面图

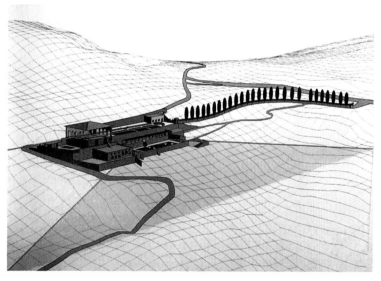

图4-19 美第奇庄园地理环境及视线

的空地以四边形进行围合，基地的四隅还建有园亭，保留着一些堡垒似的布局（图4-22）。别墅的正面以敞廊加以突出，墙体的开窗已经变得宽大明亮，两边直线形台阶可以直接通到二楼宽大的台基，高起的古典拱廊，巨大的入口直接仿效了古罗马时期神殿建筑的门廊，罗马式山花的入口，四周设有带栏杆的露台，可以欣赏到周围美丽的景致，让人们领略到古典建筑的辉煌（图4-23、图4-24）。受到巴洛克建筑风格的影响，建筑在原来的基础上增加了许多巴洛克的元素。对称的弧线形楼梯环绕而上，与屋顶的起伏相呼应，形成动感的曲线。整个别墅虽没有过多的装饰，却依然显得庄严气派。

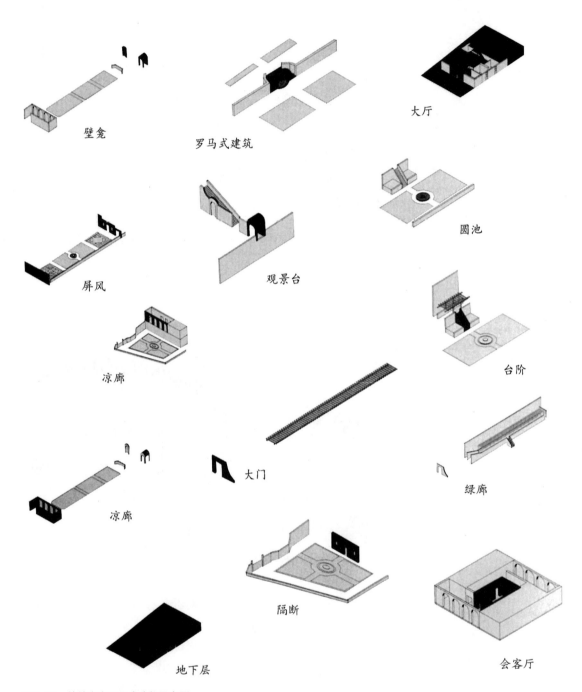

壁龛

罗马式建筑

大厅

屏风

观景台

圆池

凉廊

台阶

凉廊

大门

绿廊

隔断

地下层

会客厅

图4-20 美第奇庄园元素分解示意图

图4-21 卡亚诺庄园建筑壁画

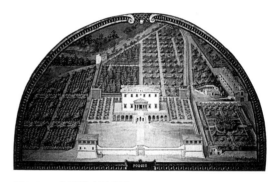

图4-22 卡亚诺庄园壁画

图4-23 卡亚诺庄园主体建筑

图4-24 卡亚诺庄园建筑入口山花

　　花园的平面布局现在已经被改建成18世纪的风景式园林风格（图4-25）。从当年庄园留存的壁画来看，别墅前方的设计已经完全抛开了之前园林的划分方式，而是保留了两块宽阔的草坪，这样的布局在当时可以说是独一无二的，平整的绿地与高大的建筑形成反差的对比效果，更衬托出建筑的恢宏与壮观。在建筑东侧的小花园内，在四分园的构成基础上，开始了新的尝试。尽管还是以规整的道路划分出均匀的绿地种植花卉与各类植物，但花园中的绿篱与道路的布局不再完全对称平分，而是以黄金分割的比例来安排道路与草地，中央使用一个八角形进行组合构成，被分割出的绿篱之间的组合构成了具有私密性的阴角空间，给人带来良好的视觉空间和体验感受（图4-26）。

图4-25　卡亚诺庄园鸟瞰图

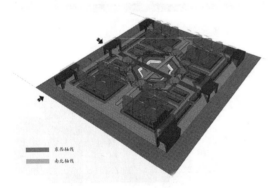

图4-26　卡亚诺庄园东侧花园轴线分析

图4-27　萨尔维亚蒂庄园版画

卡亚诺庄园无论从建筑还是花园形式上，都一定程度地反映了文艺复兴的人文主义思想已经逐渐深入人心，在建筑和园林的创新上开始大胆地尝试与探索，也为后来的建筑师和园林设计者设计出科学美观的布局提供了宝贵的经验。

4.1.5　形式的成熟——萨尔维亚蒂庄园

萨尔维亚蒂庄园（Villa Salviati）位于佛罗伦萨城东北部3km处的山脚下，1445年由亚力曼诺·萨尔维亚蒂（Alamanno Salviati）请建筑师

米开罗佐设计建造。这座庄园与米开罗佐之前设计的卡法吉奥罗庄园的建筑风格相似，主要由中世纪风格的主体建筑和柠檬温室等附属建筑组成（图4-27）。

在园林的设计上，米开罗佐根据地形参照了美第奇庄园的设计形式，也采用了台地式的创作手法（图4-28）。这里的地势并不如美第奇庄园那样陡峭，台地式的高差需要人工的加筑才能得以实现。如果说美第奇庄园是在特殊的地理环境因素影响下的结果，是米开罗佐对于台地式园林风格

图4-28 萨尔维亚蒂庄园鸟瞰图

的初次探索,那么萨尔维亚蒂庄园人为地将地形分层划开,可以说是形式上的成熟。米开罗佐将花园设计为两级台层,地势较高的一级靠近别墅,在它的西面是两级台层,并在较低处的花园中设计有许多装饰性的洞窟。后来又将第2级台层进行部分抬高,形成中间低于两端的"凹"字效果。站于高处台层俯视下层空间,绿篱组合出的规则图案令人赏心悦目。3级台层高低错落,在面积不大的平台上形成了丰富的空间体验。

米开罗佐设计的这座庄园奠定了之后台地式园林的基本特征:园林的布局与建筑的风格对应,为了使建筑物与园林之间保持联系,建筑物的轴线或平行线往往成为园林的主要轴线;园林的主轴线不再局限于一根,开始扩展为与主轴垂直或平行的副轴(图4-29、图4-30)。

图4-29 庄园南端花园   图4-30 庄园主体建筑外观

图4-31 萨尔维亚蒂庄园底层

图4-32 萨尔维亚蒂庄园底层花园

到18世纪时期，园主又将巴洛克风格的装饰元素吸收入庭园之中，建筑的南面原来是宽阔的绿茵大道，现在也被改建成为绿篱花园，被分割成有趣的图案组合（图4-31）。如今这里已经成为欧洲大学研究中心（European University Institute）（图4-32）。

4.1.6 小结

初期的园林大多建于郊区风景秀丽的丘陵或山脚下。庄园的平面布局呈不规则形状，园林中也还没有贯穿各层的中轴线，往往是分隔成单独的区域进行设计。建筑在形式上依旧留有中世纪的特征，小型的瞭望窗，屋顶有雉堞，四角或

中央有塔楼等。随着文艺复兴的思想不断深入人心，促使了文艺复兴建筑风格的诞生。"在反封建、倡理性的人文主义思想指导下，提倡复兴古罗马的建筑风格，以之取代象征神权的哥特风格。于是古典柱式再度成为建筑造型的构图主题；同时为了追求所谓合乎理性的稳定感，半圆形券、厚实墙、圆形穹窿、水平向的厚檐也被用来同哥特风格中的尖券、尖塔、垂直向上的束柱、飞扶壁与小尖塔等对抗。在建筑轮廓上文艺复兴讲究整齐、统一与条理性，而不像哥特风格那样参差不齐、富于自发性与高低强烈对比。"[①]

建筑大多位于地势较高的开阔地带，有时会增建便于欣赏周边景色的敞廊和凉廊。园林中的装饰延续了古罗马园林的形式和中世纪花园的类型，具有良好的比例与尺度，树篱的造型、喷泉雕像、林荫道等也相对比较简单、质朴。

在菲耶索莱的美第奇庄园建设后，开始形成台地式园林的雏形，展现出全新的文艺复兴式的风格。托斯卡纳地区的园林在美第奇家族的引导下产生了巨大的变化，园林开始变得更加外向，形式更加多样，园林的功能和装饰也越来越丰富。

4.2 文艺复兴盛期的托斯卡纳园林

4.2.1 佛罗伦萨地区

15世纪末，土耳其人将地中海的大部分航线垄断，地中海地区的贸易也逐渐受到波及。意大利北部米兰等城邦的经济开始衰退，东方市场的贸易垄断又被威尼斯人控制，繁荣近一个世纪的毛纺织业也开始面临来自法国和北欧商人的激烈竞争，诸多的因素给托斯卡纳地区带来了一次又一次经济上的打击，曾经繁华的佛罗伦萨开始逐渐黯淡。

伴随着经济衰退的影响，佛罗伦萨内的政治矛盾也开始恶化。1492年洛伦佐的去世，使美第

奇家族的专制统治摇摇欲坠，与共和派的斗争也越来越激烈。1494年，法国国王查理八世（Charles VIII l'Affable，1470—1498）率领3万大军入侵意大利北部，以皮耶罗为领袖的美第奇家族以割让比萨求和，佛罗伦萨的共和派借此将美第奇家族驱除。经济的衰退，政局的混乱，战争的残酷迫使人文主义者和艺术家们纷纷逃离了佛罗伦萨。罗马成为当时艺术创作中心，很快就掀起了文化艺术的高潮，迎来了罗马地区文化和艺术的繁荣。

戏剧性的一幕很快来临，当美第奇家族离开佛罗伦萨之后，人文主义者和显贵家族对于共和政府也开始不满，佛罗伦萨人对美第奇的评价也逐渐转变，人们开始回忆和赞美"洛伦佐时代"。1512年，美第奇家族复辟，重新控制了本属于他们的佛罗伦萨。然而15年后，1527年，美第奇家族又一次因为统治问题被驱逐。仅仅3年，美第奇家族在教皇势力的支持下，重新走上权利的中心，只是这一次为了避免之前被驱逐的命运，将政权改为共和制，成立佛罗伦萨公国。

为了取得民众的拥护、对手的折服、支持者教皇的信任、贵族盟友的爱戴，美第奇家族连续修建了几座令人惊叹的园林，以当时特有的方式来达到保障自己权利的目的。从卡斯特罗庄园到彼得拉亚庄园，再到波波利花园，庄园的规模不断扩大，在屈辱与荣耀之间，美第奇家族承受着命运的波折。通过连续的建造园林，引起了又一次在田园建设庄园别墅的高潮（图4-33）。造园文化又在佛罗伦萨大放异彩，哈尔特在《十五世纪佛罗伦萨的艺术和自由》一文中这样写道："盛期文艺复兴的宏伟浩大，无论是在佛罗伦萨还是罗马，都可看作是一种象征地回应，既是对幻想的回应，也是对危机的回应。而这些危机是不管佛罗伦萨共

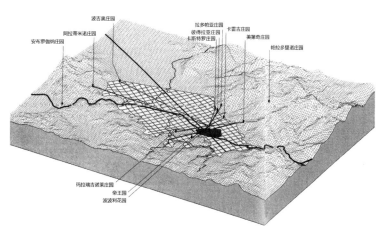

① 罗小未，蔡琬英. 外国建筑历史图说 [M]. 上海：同济大学出版社，1986：119.

图4-33 美第奇家族在佛罗伦萨的园林分布

和国和罗马教皇如何尽其最大的努力也无法在现实中予以解决的。"从某种意义上我们可以这样理解：此时文艺复兴艺术的繁荣鼎盛似乎象征性的回应了意大利现实中的危机，艺术的宏伟浩大已经忽略了现实的影响或者克服了危机，具有高于生活，超越凡俗的特质，理想的美在此大放光彩。

1. 均衡、对称——卡斯特罗庄园

美第奇家族在佛罗伦萨两百多年的统治期间里，修建了许多美丽的庄园，其中卡斯特罗庄园（Villa Castello）是最具传奇色彩的一座。这座庄园伴随着它的主人科西莫·德·美第奇（Cosimo I de' Medici）实现了自己的统治，开创了一个辉煌的时代（图4-34）。

1537年，26岁的佛罗伦萨的公爵亚历山德罗（Alessandro de'Medici）被谋杀，美第奇家族的统治地位岌岌可危，作为公爵唯一的继承人，年仅17岁的科西莫继承了爵位，成为新的统治者。由于他私生子的身份，且来自于美第奇家族的旁支，在佛罗伦萨毫无声望可言，许多有势力的人物妄图扶植他成为傀儡。在风雨飘摇的局势下，佛罗伦萨城内矛盾四起，暗流涌动。而科西莫上任之后却出人意料地颁布了修建这座花园的命令，并重新改建花园的别墅。他将自己的坚强意志、精明强干、政治上的野心勃勃都寄托于这座充满对称与和谐的庄园之中，展现出临危不惧和力挽狂澜的气概。

庄园选址在距佛罗伦萨城西北部约5km处的蒙瑞罗（Monte Morello）山区内，靠近卡萨雷小镇（Il Casale），这里也是科西莫成长的地方。附近有一处名为卡斯泰拉（Castella）的蓄水池，于是庄园便由此得名。科西莫委托艺术家特里波特（Niccolo Tribolo）对庄园进行设计建造。

根据自然环境的地势，特里波特做出了与众不同的布局。他将卡斯特罗庄园的别墅安排在西南面入口处的底层台地上，花园位于别墅的后面。别墅建筑没有过多奢华的装饰，只是运用建筑构图中推崇的四边形，以中轴对称的方式向两边延伸，建筑的高度只有3层，与宽度创造出良好的比例关系（图4-35）。中央的大门以厚实的石块将柱式一段段的包裹起来，精心布置线脚，门顶端用同心多层小圆券和涡卷装饰将二层的一个小型阳台轻巧地托起。在建筑的两边各留有两个侧门，可以直达花园内部。在托斯卡纳金色阳光的照耀下，斑驳不匀的橘红墙面，或开或闭的深绿色百叶窗，褐红色的陶瓦屋顶，在纯净的蓝天白云映衬下，色彩斑斓醇厚，还未进入庄园，便已深深地陶醉在这充满节奏感的视觉效果之中（图4-36）。

花园按照中轴对称的布局分为3个部分，两边是枝繁叶茂的林园，中央的主体花园依照地势被

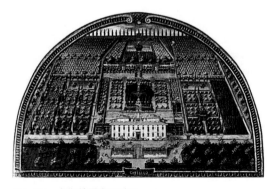

图4-34　卡斯特罗庄园壁画

图4-35　卡斯特罗庄园鸟瞰图

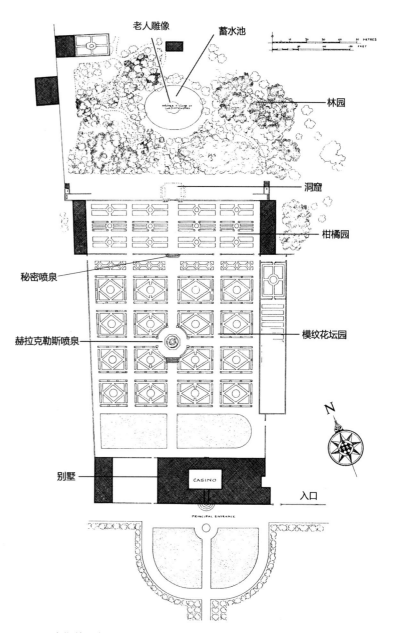

图4-36 卡斯特罗庄园平面图

划分成3层台地园。一层为开阔的模纹花坛园，二层是摆放整齐的柑橘园，三层是茂密的自然林园，呈现出典型的意大利台地园风格。

别墅前两块对称的草坪为这座华丽的舞台拉开了序幕。舞台的中央被划分为16块整齐的模纹花坛，每一块都是按照相同的图案进行内部分割，每个区域都是完美的几何图形，这是一种对人、对空间和对自然完美控制的典范。在花园中央构成一块圆形的平台，四周是身着罗马服饰的雕像，中间是大理石的3层巴洛克式的喷泉，最初这里曾还有一座风格相似的仙女喷泉雕塑，现在被移到距离不远的彼得拉亚（Petraia）庄园中（图4-37）。

植物的布局方式完全依照阿尔伯蒂在《建筑论》中提出的理论，以梅花形五点式进行排列组合（图4-38）。这样的种植方式是一个基本的模块，当以此模块进行连续组合排列，无论从哪个角度相连都是笔直的直线。一道道整齐划一的树篱、一朵朵充满芳香的鲜花、一盆盆果满枝头的柑橘、一排排绿叶成荫的橄榄树延伸向远处，交汇之处以雕塑和壁龛作为端景，以井然有序的植物布局表现出序列、秩序、平衡和统一的特点。

图4-37　赫拉克勒斯喷泉雕像

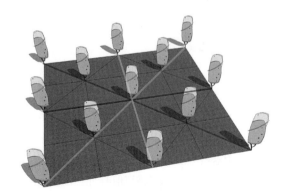

图4-38　梅花形五点式种植图例

在二级的台层上，分割整齐的草地上阵列排布着柑橘与柠檬，并筑起了高大的挡土墙，与后面的林园分隔开，形成一个半封闭的院落，每条道路的端头都精心地布置着壁龛与雕塑。中间道路的尽头和两边是特里波特设计的洞窟，洞窟内部的地面和墙壁上由彩色的马赛克与贝壳构成美丽的图案，里面有许多赏心悦目的动物雕塑（图4-39）。

通过柑橘园两边的门便可以登上3层的台地，与前面两层的井井有条截然相反，这里是保留着自然风光的林地。大量的冬青与柏树茂密地生长着，中央是一个椭圆形的蓄水池，翠绿色的水面中有一座象征亚平宁山脉的老人青铜像，孤独地蹲于假山之上，他的手臂交叉放于胸前，满目忧伤，头顶上方水滴一滴滴滴流下，代表着汗水与泪水。沿着蜿蜒的小路在充满杉树、榉树的林地中绕行，站在边缘的地方，可以将整个佛罗伦萨古城美妙的景色尽收眼底：主教堂的红色穹顶、白色的乔托钟楼，以及褐色的韦基奥宫。庄园不远处，阿诺河（Arno）静静的流向远方，一时恍若隔世，任夕阳斜下，却依然不舍离去（图4-40、图4-41、图4-42）。

在特里波特之后设计的波波利花园、佛罗伦萨植物园、美第奇别墅园等作品中，喷泉雕塑、石窟、模纹花坛等设计元素被运用得恰到好处。卡斯特罗庄园影响了后来的文艺复兴园林和法国园林，意大利台地园很快成为风靡欧洲的主流风格，法国国王弗朗西斯一世（Francis I）还曾委托特里波特为他设计枫丹白露宫（Fontainbleau）。

从16世纪到今天，无数的游人访客来此探访这座花园的魅力，寻求其中的灵感，科西莫和特里波特成功地向每一位访客炫耀着他们的权力与智慧。如今的庄园成为克鲁斯卡学院的图书馆（Biblioteca dell'Accademia della Crusca），永远散发着知识的光芒。更难能可贵的是庄园在历经了5个世纪的风霜后，尽管在布局上有些许的变

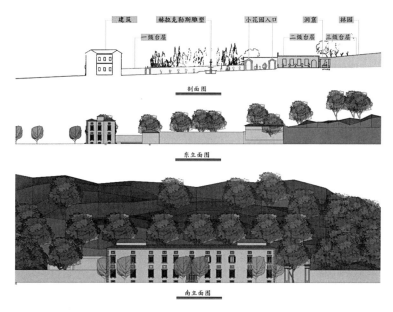

图4-39 卡斯特罗庄园立面分析图

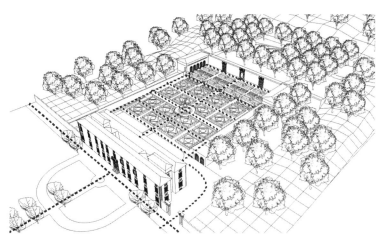

图4-40 卡斯特罗庄园路径分析图

化，但依然能使游人感到无比惬意，成为意大利文艺复兴时期经典的花园之一（图4-43）。

2. 趣味、活力——彼得拉亚庄园

距离卡斯特罗庄园东北仅2km处，还有一处美第奇家族引以为豪的庄园：彼得拉亚庄园（Villa Petraia）。环绕在别墅周围的美丽花园和别墅内华丽的装饰与恢宏的壁画吸引着全球各地的游人前来此地一睹文艺

图4-41　卡斯特罗庄园规则整齐的模纹花坛

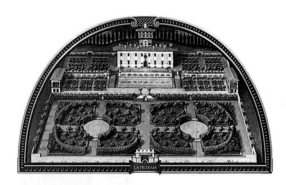

图4-44　彼得拉亚庄园壁画

图4-42　象征着亚平宁山脉的老人雕像

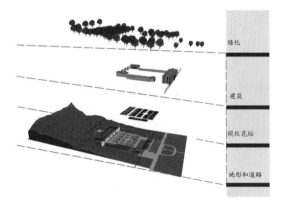

图4-43　卡斯特罗庄园图层分析

复兴时期美第奇家族行宫当年的风采（图4-44）。

这座古老庄园的别墅建造于1362年，几经易主之后，1530年，美第奇家族购买了此地，最终成为它的拥有者。1587年，红衣主教费迪南一世（Ferdinando I de'Medici，1549-1609）成为托斯卡纳大公，于是聘请建筑师拉法埃罗（Raffaello Pagni）重新设计建造，成为家族在佛罗伦萨附近的度假地。

庄园的整体布局呈矩形，采用了中轴线对称的手法，建筑师拉法埃罗根据地势从下至上将庄园划分成3级台层。一层的面积较大，占据了整个庄园一半左右的面积，在长方形的场地内设计了两个正切的内切圆，十字形的道路将花园分为左右对称的两部分，圆心与道路交叉处成为休息的场所，绿篱被修剪成弧形的拱门，为整个空间增添了立体的绿化效果。在两个圆形中央的区域规则地种植着大量树木，加强同心圆的效果（图4-45）。

如今一层的布局已经重新设计，3个连续相邻的圆形相接，3层白色大理石喷泉位于圆的中心，与道路构成线条组合，其间构成疏密相间的绿地和模纹花坛，使其更具趣味和活力（图4-46、图4-47）。

图4-45　彼得拉亚庄园版画

图4-46　彼得拉亚庄园鸟瞰图

图4-47　花园庭院中的喷泉

　　二层的平台相对一层较高，需要通过多级台阶而上，台层的挡土墙被设计作为一层的壁龛和绿化装饰，并增添了温室的花房。中央是一块长方形的水池，左右两边分别是同心结构的模纹花坛，两边的尽头是一组对称的二层凉亭，通过中央水池两旁的楼梯便可到达庄园的最高层（图4-48）。

　　三层的布置较为简单，两边是茂密的林园，中央是庄园别墅。别墅的外观简朴而庄严，立面外观与花园一样整齐对称，各层檐口线脚明确、有力，建筑的后端还保留着中世纪风格的塔楼，远远望去给人一种森严之感（图4-49）。在别墅的侧面还保留着乔万尼·博洛尼亚制作的维纳斯雕塑，这座雕塑原本放置于卡斯特罗庄园之中，16世纪才运送到彼得拉亚庄园中，设计的形式与外观与卡斯特罗庄园的大力神雕塑有着许多相似之处，也许这两座雕塑原本就是一组作品（图4-50）。现在别墅旁边的花园已经从规则式改建成为自然流线的形式，不同年代的设计手法和外观造型层层错开，也为这座古老的庭园增添了许多生机。

图4-48 别墅两级台层的水池

图4-49 别墅东侧的小花园

3. 盛大、丰富——波波利花园

　　波波利花园在意大利佛罗伦萨西南隅，宏伟的皮蒂宫之后。这里是美第奇家族在佛罗伦萨城内的私家庭院，因其庞大的规模和拥有众多精美的雕塑、喷泉、石窟及各类植物，被喻为户外的艺术博物馆，令人流连忘返，并且对整个欧洲的园林都产生了重要的影响（图4-51）。

图4-50 维纳斯雕塑

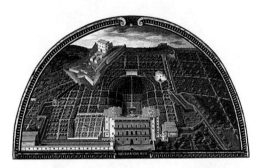

图4-51　波波利花园壁画

这块土地最早属于博格洛（Borgolo）家族，1418年，银行家卢卡·皮蒂（Luca Pitti）购买了这里，并于1458年起始建皮蒂宫，试图媲美当时执政的美第奇家族的官殿。颇具讽刺的是皮蒂家族破产以后，科西莫（Cosimo de' Medici）的妻子——来自西班牙的埃勒奥娜拉·迪·托莱多（Eleonora di Toledo），由于身体欠佳，认为阿诺河南岸人口较少，环境更适宜修养，便从卢卡·皮蒂的后人手中购买了此地。当时皮蒂宫到罗马门（Porta Romana）之间还只是一片林地。在瓦萨利（Vasari）的建议下，科西莫委托特里波

特在此修建花园，佛罗伦萨人为了纪念最初拥有这块土地的博格洛家族，便取名为波波利花园。

"特里波特于1550年开始修建波波利花园，花园设计的要比卡斯特罗庄园简洁得多。当特里波特去世之后，波波利花园被划分为不同的区域交给阿曼纳蒂（Ammannati）、瓦萨利、波翁塔伦蒂（Bartolommeo Buontalenti）、班迪内利（Baccio Bandinelli）和洛伦齐（Stoldo Lorenzi）等当时著名的建筑师和雕塑家进行设计，一时间波波利花园成为这些艺术家们展示艺术才能的舞台。1569年，查理斯五世（Charles V）加封科西莫为托斯卡纳的公爵，成为科西莫一世。此后近300多年时间里，美第奇家族对花园多次扩建，保留了众多著名艺术家的作品，同时面积也逐渐扩大到今日的45hm²，成为佛罗伦萨的一颗绿色'心脏'（图4-52）。"[①]

花园的整体布局像一艘停泊在佛罗伦萨阿诺河畔的船。花园的内部按照空间设计的特点可以划分为东部花园和西部花园两部分。

东部花园的地势略陡，自下而上分别由皮蒂宫、摩西石窟（Moses grotto）、洋蓟喷泉

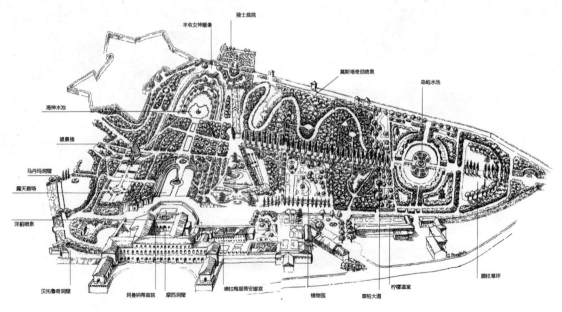

图4-52　波波利花园平面图

图4-53　东部花园鸟瞰图

（Fountain of the Artichoke）、露天剧场（Amphitheater）、海神喷泉和丰收女神雕像等节点构成。摩西石窟设计在皮蒂宫的内部，而洋蓟喷泉布置在石窟的顶部，石窟上的喷泉是巴洛克式风格，造型以意大利食用洋蓟为原型，造型上层叠转折，在喷泉的周边是一组憨态可掬的小天使雕像。喷泉主要是为了弥补地势所带来的高差留下的视觉空洞，将喷泉与露天广场保持在同一水平线上延续了视觉上的连贯性（图4-53）。

转过石窟，沿着皮蒂宫内的石阶而上，走过一片开阔的草坪就来到了露天剧场。这里最早是为建设皮蒂宫开采石料的场地，后来将场地进行设计修整。场地的造型是以古代的马戏团为灵感，马蹄形的平面周围围合着6层逐渐升高的观众席，在观众席之中还按一定距离间隔布置着24座壁龛和人物、动物的雕像，壁龛的后方是高大整齐的月桂树树篱，成为剧场中天然的幕布与背景。在剧场的中央是一座来自于埃及底比斯卢克索神庙（Temple Ammone of Thebes in Luxor）的方尖碑，1790年左右被放置到整座花园之中，一直延续至今。当时的意大利以收藏埃及的方尖碑作为庭院之中的装饰，以此炫耀自己的权利和财富。

穿过露天剧场沿道路继续向上，经过一片茂密的冬青树林就来到中层的平台。这座平台的地势已经完全超过了皮蒂宫，可以眺望满是红色屋顶的佛罗伦萨城和远处的百花大教堂。整个平台的平面布局延续了露天广场的马蹄形，椭圆形水池的外围，3层马蹄形的草坪在造型之上相互呼应，逐次收缩，使整个平台的视觉中心集中在中央的海神雕塑上。这座雕塑是由雕塑家洛伦吉（Stoldo Lorenzi）创作的一尊海神尼普顿（Neptune）青铜雕像，海神赤身站立于自然的石阶之上，手持三叉戟，目视水面，威武雄壮又充满动感之美，一束喷泉从海神脚下喷涌而出，散落的水花恰好跌落于前方一块白色的贝壳形水盘之中，在层层布局的烘托下使海神更具威严之感（图4-54）。

① 田云庆，李云鹏. 托斯卡纳园林（三）波波利花园［J］.园林，2016，3：47.

图4-54　海神尼普顿雕像与后方的丰收女神

"东部花园的南北轴线空间呈层层递进的特点，主次分明，空间和景色紧凑而又充满节奏变化。而西部花园东西轴线上的空间却呈现出完全不同的风格，与东部花园形成鲜明对比，以天然野趣的林园和小型的花园为主，形成恬静自然的空间感受。一条被叫作维奥托洛内（Viottolone）的道路串联起了西部的花园空间，整条道路长达300多米，是文艺复兴时期最长的一条（图4-55）。在道路的两旁放置着许多雕塑，两侧是冬青围合的茂密丛林。众多的雕塑是美第奇家族在不同时期的收藏品，其中包括5世纪的罗马时期到现代的一些著名雕塑家的作品。林荫道两旁是充满野趣的树林，几条幽静的树丛小径通向花园的边缘。伊索罗托岛（Isolotto）位于林荫道的尽头。小岛最初叫'兔子岛'，早期这里用来饲养兔子、鸡和山羊等动物，用椭圆形水池来防止动物逃跑（图4-56）。在水池上，有东西两座桥与两岸相连，中央是1576年由詹波隆那（Giambologna）完成的作品——大洋之神俄克拉诺斯（Oceanus）喷泉，边缘装饰着精美的小型雕塑。雕塑原本设置在露天剧场之中，方尖碑被运来之后，便安放于此。岛及池边的栏杆上摆放着大量栽植柑橘和柠檬的陶盆，四周被冬青和绿篱所围合，在开花季节，金黄色的花朵倒映在水中，形成美妙的花岛。尽管如今看到的只是复制的作品，但我们依然能够感受到大洋之神宏伟非凡的气势，也难怪此处被誉为'意大利和整个西方世界里最简洁、雄伟的喷泉'。穿过小岛之后便来到圆柱草坪，道路两边扇形草坪的深处相对竖立着两根罗马圆柱，草坪之上随意放置着一些形态各异的现代雕塑作品，毫无违和之感，反而让人不禁感叹这新旧作品之间跨越着的几百年时光。继续前行，到达西部花园主轴线的终点，由冬青围合而成的椭圆形的小广场，同时也是整个花园西门的起点。"

"美第奇家族统治佛罗伦萨的3个多世纪，他们对艺术的热爱和对文艺复兴的支持使波波利花

图4-55　东西主轴线笔直的林荫道

图4-56　伊索罗托小岛的大洋之神雕像

园变成欧洲最为著名的花园，成为美第奇家族权利的象征。达官贵人们都以能参加在此举行的宴会为荣，许多盛大的宴会都被记载下来，受到世人的赞美。"[①]

4. 小结

佛罗伦萨这个时期的建筑已经完全褪去了中世纪建筑封闭、沉闷，带有防御性质的堡垒等特点。在园林的营建上也极大地受到人文主义者阿尔伯蒂的影响并使用了《建筑论》中所谈及的一些要素进行设计。最为显著的变化是，园林的形式不再脱离建筑孤立的存在，而是注重造型与结构上的相互呼应，园内的设施也逐渐增多。园林都选在地势较高的位置，为不同台层之间预留出充分的空间。园林一般设计为3层台级，被称为三

段式布局。每层内排布不同风格的花卉与装饰，花园中的路径造型也开始在四分园的基础上衍生出各种新的变化。园林中的洞窟开始逐渐变得华丽，形成一个充满神话色彩的空间，为下一阶段更为豪华的园林提供了实践依据。

4.2.2 卢卡地区

卢卡，托斯卡纳大区卢卡省的首府，一座迷人的近海古城，以保存完好的文艺复兴时期的城墙著称于世，这里也是歌剧大师普契尼的故乡。整个卢卡地区都处于距离佛罗伦萨81km的塞尔基奥河（Serchio）河谷平原上。

公元前180年左右，卢卡就被纳入罗马的版图之中，最初是罗马建造的矩形城市，从5世纪起这里变成一个强大的军事要塞。卢卡位于12世纪著名的"法兰契吉纳大道"上，这条大道联系起罗马与巴黎这两座繁华的城市，道路的开辟本意只是为了交通的便捷，却无意中带动了这座默默无闻的城市的发展。

11世纪时，西西里人、犹太人和希腊人的迁徙带来了先进的纺织技术。与佛罗伦萨相比，近海的地理位置使卢卡交通优势更加突出，在对外贸易与文化交流上更为便利。通过贸易卢卡商人引进了东方的丝绸纺织技术，并在城中大规模投入生产，卢卡的丝绸只选用上等鲜亮的蚕丝，使用的纹饰如狮身鹰头的神兽和植物纹饰都受到东方文化的影响，而且东方的丝织技术使他们生产的丝绸在整个欧洲都显得与众不同，深受欧洲贵族富豪的喜爱，成为欧洲宫廷专门制定丝绸产品之地。

古罗马人最早建造的老城区略呈正方形。在古城的右侧，一条小型运河从北向南贯穿了整个城市，这条河流见证了卢卡曾经的辉煌。在纺织业发达的时代，沿河两岸都是纺织的作坊，流淌的河水成为纺织中漂洗工序的重要条件，至今河岸两边的墙上还留着当年的栓桩，运河两旁的道路依然保持着当年的名称——城壕路（Via del Fosso）。随着城市不断扩展，新的居民集中区开始向四周发展，最终将老城和城外的小型剧场以及一些教堂包围，形成一个矩形的城市布局（图4-57、图4-58）。

14世纪，卢卡一度成为中世纪欧洲的丝绸纺织中心，为这座城市带来了巨额的财富。据《卢卡丝绸：从起源到如今》一书介绍，当时的卢卡有3000台织布机、超过2万名工人生产丝绸。丝绸工业使卢卡一度与佛罗伦萨、比萨等城市齐名，而后作为独立的城市共和国。卢卡兴盛之时，规模仅次于威尼斯。而以经营纺织品为主的卢卡商人也开始在欧洲大陆各地进行贸易。

1434年，商人阿尔诺芬尼为庆祝自己婚礼，邀请扬·凡·艾克（Jan

① 田云庆、李云鹏. 托斯卡纳园林（三）波波利花园［J］. 园林，2016，3：47.

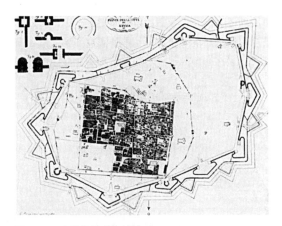

图4-57   中世纪的卢卡城墙

图4-58   卢卡城鸟瞰图

图4-59   阿尔诺芬尼夫妇像

Van Eyck）为他们夫妇创作油画，将卢卡商人的形象永远留在了油画中。富裕的卢卡人用赚来的钱修建豪华的庄园和教堂，不论是卢卡主教堂还是卢卡的园林，那一扇扇巨门、一块块坚固的城砖，都是靠纺织工人双手"编织"而成的（图4-59）。

在政治上，12世纪之前卢卡一直是自由的城邦国家。到1314年，比萨曾统治过卢卡一段时期，在卡斯特鲁奇（Castruccio Castracani degli Antelminelli）的带领下重获自由。他战功显赫，多次打败比萨、佛罗伦萨的军队，建立了独立卢卡共和国，后又被神圣罗马帝国皇帝封为卢卡公爵。16世纪末，卢卡共和国为了抵御佛罗伦萨的入侵，建造一座将最初的老城环绕在内的防御性工事，即一条长约4.5km的城墙，被世人叫作"卢卡城墙（Mura di Lucca）"。

这道城墙虽不是非常高大，但将卢卡城的外形由矩形扩大为椭圆形。城墙分为内外两层，在城墙之外还有一道人工的宽阔的护城河，形成一道天然的屏障。整个外墙按一定间隔有序地分布着11处外凸的棱堡，这种双重防御的工事在当时使整座城市固若金汤，成功地抵御佛罗伦萨的进攻，直到18世纪才加入托斯卡纳大公国。如今这道防御城墙是意大利规模最大、最完整的中世纪城墙，成为卓越的军事建筑，也是卢卡市最重要的纪念碑。作家希西莱尔·贝洛克在1902年时曾这样描述："卢卡可以算得上是这个世界上保留最完好的古镇，就犹如被封存在琥珀里的昆虫，那样栩栩如生、活灵活现，卢卡的一切看上去都是那么的美妙。"

共和国维持了近500年。1805年，拿破仑入侵意大利并在此创建了卢卡公国，将此地赐予自己的妹妹埃莉萨（Maria Anna Elisa Bonaparte Baciocchi，1777—1820），直到1847年才在民众的意愿下成为托斯卡纳大公国的一部分。

由于当时卢卡共和国与佛罗伦萨共和国长期保持着对立的关系，两个地区相邻很近却成为兵戎相见的敌人，与佛罗伦萨相比，虽然终究无法与文艺复兴时期佛罗伦萨的高峰相提并论，但是卢卡也保持着独特的文化与艺术特色。

1. 壮丽、辉煌——托里吉安尼庄园

"托里吉安尼庄园（Villa Torrigiani）位于卢卡卡潘诺里镇（Capannori）卡米利亚诺（Camigliano）乡村北端，与著名的曼西园比邻。华丽的别墅和精致的花园使庄园充满了优雅的魅力而广为人知。庄园的历史最早可追溯到1593年，在整个庄园的设计上，不同时期的主人根据社会的潮流都进行了相应的改变，可谓'一波三折'。布诺维斯（Buonvisi）家族最早是依照文艺复兴时期风格建造。1636年，尼古拉·桑蒂尼（Nicola Santini）侯爵购买此地作为他的夏宫。桑蒂尼当时是卢卡共和国驻凡尔赛的大使，惊叹于'太阳王'路易十四凡尔赛王宫的恢宏奢华，后来他还请了凡尔赛宫的设计者安德烈·勒·诺特尔（André Le Nôtre，1613—1700年）对自己的庄园进行指导，并绘制了设计图纸。进入19世纪，受当时英国造园思想潮流的影响，桑蒂尼侯爵的后人对花园布局进行了修整，之后便一直延续至今。"[①]

托里吉安尼庄园位于埃皮恩山脚下较为平坦的空地上，南北方向布局，总占地面积45亩左右。最初的平面显示，庄园是早期文艺复兴式的花园，现在的庄园布局是在17世纪改造的，平面上呈现出典型的法国古典主义的园林特征。一条深远的中轴线贯穿了全园，以林荫道、花园、别墅、林园的轴线布局展开，主体建筑位于庄园的中心，所有的景致都环绕在建筑的周围，弯曲环绕的道路、修剪整齐的草坪、造型多变的绿篱、高低错落的花园形成一个完整的构图（图4-60）。

"入口的大门是灰色与淡黄色石块相间的巴洛克式对称柱式，由于岁月的侵蚀，墙壁已变得斑驳。尽管是厚重的石块，但是运用柱式逐级向上变窄的透视、转折精巧的线脚和顶端花瓣形的花坛，使其整体比例尺度恰到好处，反而显得古朴而典雅，韵味十足（图4-61）。进入园中，尽管金碧辉煌的别墅近在眼前，但是道路并没有直通建筑，需从两边弯曲的道路绕到前方。入口与别墅之间种植了一片碧绿的草坪，像是铺设了一张平展的地毯。两边对称的镜池还是17世纪时期设计的，修剪成球形的灌木环绕在水池周边。水池造型典雅，中央有一注泉静静地涌出，别墅的身影映照在水中，一圈圈涟漪荡开变成一片金黄色的波

① 田云庆，李云鹏. 托斯卡纳园林（五）托里吉安尼庄园 [J]. 园林，2016，9：47.

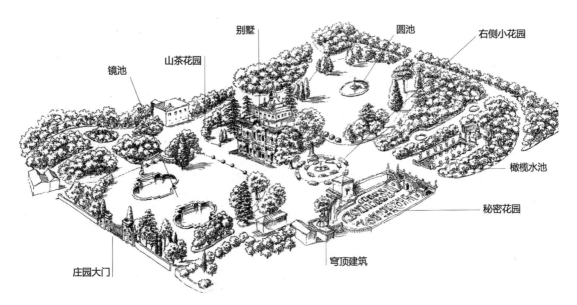

镜池　山茶花园　别墅　圆池　右侧小花园

橄榄水池

秘密花园

庄园大门

穹顶建筑

图4-60　托里吉安尼庄园平面图

图4-61　托里吉安尼庄园入口大门

图4-62　托里吉安尼庄园主体建筑

纹。'泉眼无声惜细流，树阴照水爱晴柔'也许是最合景的，即便在炎炎的夏日，心中也充满了凉意。别墅居于花园构图的中心，外观上与大门入口的造型相互呼应，正立面是典型的巴洛克式建筑，充满了动感的装饰和艳丽的颜色，有着强烈的光影效果，华贵的气魄让人为之震撼。建筑共有5层，从基础到最顶部的小露台，逐级减少两翼两扇窗户，直至最顶部的单层小塔。立面上使用了多种石料，灰色与浅红色的石块相间，构成了石柱和拱门。白色的大理石雕像虽然对称地布置

于建筑的立面上，但是不论人物或动物，或大或小，或站或立，或高或低，都神态万千、各不相同。有的跨立于屋顶的栏杆上，有的倚靠于建筑的壁龛中，有的蹲坐于拱门左右，单独的每一个塑像都细致动人。在拱券门的顶部悬挂着花瓣形的家族徽记，诉说着这里曾经的荣耀与繁华（图4-62）。与正立面的风格相反，别墅背面看起来简朴而优雅。建筑呈连续半围合拱廊格局，露台的设计，以及开阔的周边和密林种植区，形成了一个静谧的小空间，为庭院提供了别具风格的意

式风情。"[1]

庄园现在依旧是桑蒂尼家族的财产。在参观庄园时有幸受邀进入这座豪华别墅的内部。房间内也是充满贵气的巴洛克式，金色的墙壁配合红色的大理石地砖，墙壁和屋顶上遍布着莨苕叶、矮棕榈以及各式各样的涡卷纹图案，并使用金色描边强调形体，墙壁上的浮雕、人物、壁龛以及家具都栩栩如生。屋内的房屋左右相通，使空间充满了连续的变化，华丽的色彩、奢华的装饰、动感的线条、精致的雕刻相互映衬，使整个空间形成了雍容华贵的氛围，难以想象200多年前的巴洛克室内装饰效果竟如此激情与浪漫。室内还挂满了关于这座园林的油画，家族每一代人的油画肖像、庄园建造完成时的壁画、家族人物的故事等成为这座庄园无声的告白。

别墅的左侧有一个山茶花园，受英国风景式园林的影响，仍保持着自然的风貌。右侧是一个弧形的小花园，通过修剪成不同形状的绿篱与柠檬，实现对空间地分割。别墅的后园与前园类似，大片绿色的草坪中央有一个大型的圆形喷泉水池。草坪的空旷利用周边的树丛来弥补，间或出现的浓荫使景色充满了变化，透露出田园般的自然风光。

"庄园的东北角，还有17世纪留存下来的两个独立而又联系着的花园，形成上下两层的台地园，保持着意大利台地园的特点。一高一低，增加了空间的层次感，中轴对称，相映成趣。位于高处的是一处长方形的水池，设置有喷泉，南北两端各立有单个人身雕像，这些各种姿态的人像由后面深色丛林做衬托，耐人寻味（图4-63）。两边等距地摆放着柠檬花坛，空间被后边的绿篱与高大的橄榄树林隔绝起来，树影婆娑，倒映水中，创造出'空水共悠悠'的恬淡与幽静氛围。据说，原来此处有一面景墙，有一扇精心设计的椭圆形窗户，中心正对着下层台地园穹顶之上的女神像，现在墙已不在，整个视野变得更加开阔。眺望前方，远山如黛令人心荡神驰（图4-64）。下面花园的地势略有下沉，面积不大但设计巧妙，被称为'秘密花园'。带有壁龛的回旋台阶成为一个很好的观景台，上面错落有致地摆放着雕像与盆栽，墙壁上点缀着马赛克，下面还有摆放着雕塑的石窟。花园是整齐规整的模纹花圃，红色、白色、黄色的鲜花在绿色的草地和绿篱的装点下更惹人喜爱。小形的圆水池对称而设，端头是一座上面立有神像的罗马式庙宇。单从表面上看不出这座花园的秘密，但当游人走过时，回旋的台阶上、壁龛的门洞上、墙壁上的人像，以及四周的墙壁上都会喷涌出细细的水柱，在你毫无准备之时，让你全身湿透。在炎热之季，它不仅能湿润石造物，起到降温作用，还让游人惊奇与愉悦，难以忘怀。当时意大利造园中对于喷泉水景的技术已经非常发达了，为

[1] 田云庆，李云鹏. 托斯卡纳园林（五）托里吉安尼庄园 [J]. 园林，2016，9：47.

图4-63　上层台地水池

图4-64　下层台地花园

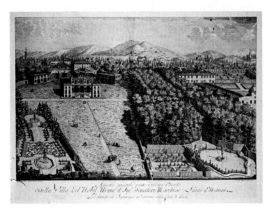

图4-65　17世纪的曼西庄园布局

了供应花园喷泉所需的大量水源，还专门设置了一个大型的储水池。秘密喷泉在当时非常流行，是显示财富和地位的一种方式，在艾斯特庄园之中也有同样的例子。"

"花园的端头有一座八角形罗马式风格的小型建筑，其中暗藏着一个神秘的洞窟，洞窟的墙壁上利用泥浆模拟出原始洞穴的肌理，与地面上光滑的马赛克装饰图案形成鲜明的对比。洞窟的内部按照方位不同立有7尊形态各异的雕塑。据说这些是风神，每个人物都在表现与风相关的动作和表情，有的鼓腮吹起，有的衣袖飘起，有的侧耳倾听，造型不一，即使立于洞中似乎也可以感受到清风拂过的感觉。立于园内眺望远方，郁郁葱葱的树林，丛林同远处的山形融为一体，景色深远。"[①]

2. 开阔、舒缓——曼西庄园

距离托里吉安尼庄园不远处，同样位于卡潘诺里镇（Capannori）上，还有一座名为曼西庄园的园林。庄园最初的主人是贝内黛蒂家族（Nicolao Benedetti），随后切那米家族（Cenami）将其买下并在1599年对庄园进行了重新设计与整修。切那米家族聘任建筑师乌其奥（Muzio Oddi）和保罗（Paolo Cenami）负责整座庄园的设计改造。两位设计师为主体建筑增加了两个侧翼，设计了一道由柱子和拱券构成的柱廊。在1675年，卢卡著名的丝绸贸易商人曼西家族的拉法艾洛侯爵（Raffaello Mansi）花费1600金盾购买此地，成为这座庄园最终的主人。

由于庄园多次更换主人，文艺复兴时期的布局已经消失殆尽，现在庄园的布局是由欧洲著名的巴洛克设计大师菲利波（Filippo Juvarra）于17世纪时期规划设计的（图4-65）。菲利波在对庄园设计时运用透视学理论中的近大远小原理提出了独特的锥形（Optical Cones）布局概念和放射型路径的布局方式，通过人为布局形成远近等大的效果。在园林的布局上分成了东西两个区域，在东部区域以广阔的草坪和锥形路径突出主体建筑的宏伟形象和园林的广阔，富有夸张、华丽的效果。而西部园林则设计了根据地势流淌的水阶梯，阶梯的终点是一个八角形巴洛克风格的鱼

图4-66　曼西庄园东轴线末端鱼池

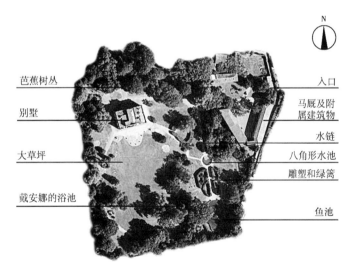

芭蕉树丛　　　　　　　　　　　　　　　入口

别墅　　　　　　　　　　　　　　马厩及附属建筑物

　　　　　　　　　　　　　　　　　水链

大草坪　　　　　　　　　　　　　八角形水池

　　　　　　　　　　　　　　　　雕塑和绿篱

戴安娜的浴池　　　　　　　　　　　鱼池

图4-67　曼西庄园平面布局

池，四周栏杆端头布满了酒神巴克斯、仙女丽达等姿态不一的神话人物雕像。放射型的道路中心设置在树林的中线，放射的路径成为树林的分割线，其间间隔设置喷泉与雕塑（图4-66）。

　　如今的曼西庄园依然保持着当年的规划，东西两条轴线的布局依然清晰可见。东侧的花园基本保持了原状（图4-67）。西部的轴线改动比较明显，现在已经不见当年的锥形布局形式，只剩下广阔的草坪和一派自然园林的景象（图4-68、图4-69）。

　　曼西庄园的规模并不大，占地面积仅有30亩左右，与附近的托里吉

①田云庆，李云鹏．托斯卡纳园林（五）托里吉安尼庄园［J］．园林，2016，9：47．

图4-68　曼西庄园内东西轴线

安尼庄园相比，无论是别墅的造型还是花园的装饰都显得更加简洁大方，没有过度奢华的装饰。这座庄园建成之后引起了卢卡周围的轰动，很多建筑师和造园家慕名来参观学习，还经常在此举办盛大的宴会招待贵族及高级官员。现在这里已经成为一个专门供人参观访问的旅游景点，举办各类文化展览活动，甚至在园中举办婚礼。"在漫长的岁月里庄园辗转给不同的主人，历经多个时代的风格潮流影响，最终沉淀成如今迷人优雅的样子。"①

3. 宏大、多变——雷阿莱庄园

卢卡附近的皮佐内（Pizzorne）山区是托斯卡纳大区内重要的河流塞尔基奥河（Serchio）的发源地，这里环境优美、风光秀丽。雷阿莱庄园（Villa Reale），一座历史悠久而又充满活力的庄园便坐落于此。Reale在意大利语中指"皇室、皇家"，是因为这里曾经是拿破仑妹妹埃莉萨的宫殿花园，她曾经是卢卡地区的执政者，后被封为卢卡公爵。于是这座庄园就顺理成章地获得了"皇家庄园"的称号（图4-70）。近300年的岁月中，这座庄园经历了数次变迁与重建，如今的雷阿莱庄园在整体的格局上依然保持着18世纪的状态，向世人展示着辉煌灿烂的过去，宏大多变的现在。

雷阿莱庄园总占地面积285亩左右，是卢卡地

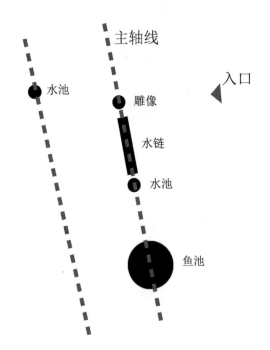

图4-69　曼西庄园节点分析

图4-70　1771年的雷阿莱庄园

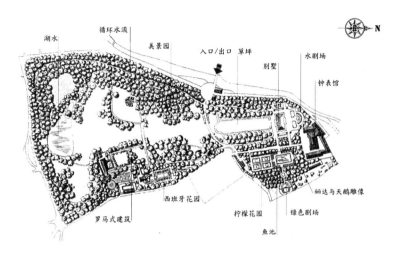

图4-71　雷阿莱庄园平面图

区面积最大的一个庄园。广阔的园地按照平面的布局可以划分为别墅建筑、柠檬花园、绿色剧场、西班牙花园、罗马式建筑、湖水林园、中央草坪7个不同的区域，其中除了西班牙花园和一些区域的局部改动外，其他依然保持着当年的规划设计风格（图4-71）。

从庄园的轴线布局上可以清楚看出，整座庄园的轴线是以主体建筑为中心，南北方向发射出的一根主轴线，从北向南依次为水剧场（Teatro d'Acqua）、主体建筑、中央草坪、湖水区；东西方向也延伸出一根副轴线联结柠檬花园和绿色剧场。在主体建筑的北端还有一座钟表馆（Palazzina dell' Orologio），这种在外观上设计有大型时钟的建筑在托斯卡纳地区非常流行，并以此为时尚，如今在卢卡其他的园林中还存在大量钟表建筑。以该建筑为中心也发射出一根南北向的副轴线，原本这根轴线一直延伸到花园的尽头，但是中央的区域被一座修道院隔断，如今只留下长长的林荫道（图4-72）。

雷阿莱庄园的主体建筑是整座庄园的核心，现在的别墅建造于17世纪时期。简洁的绿色百叶窗在淡黄色墙面上有序的排列，没有过多的装饰，外观呈现出典型的文艺复兴风格。建筑的南面是一片开阔的矩形大草坪，碧绿的草地将主体建筑映衬得格外高大。在建筑的北面是半圆形的"水剧场"，这座水剧场由上、中、下3个部分构成，上部是由高大的黄杨修剪成整齐的弧形绿篱，中央是一个带有小型瀑布的石窟，湍急的流水从石窟内部奔流而下形成一道道水帘后，再落到下方的水池中。在石窟的左右，古代罗马神话中的人物雕像丘比特、农业之神、果树之神等对称分布摆放。中央的部分原来是表演的舞台，一段宽约2m的道路上盛开着鲜花，装饰着一些古典的杯形石刻雕。下部分是半圆形的水池，

① 田云庆，盛佳红. 托斯卡纳园林（六）曼西庄园[J]. 园林，2016，11：50.

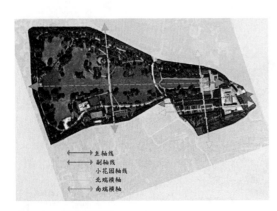

图4-72　轴线分析图

图4-73　弧形的水剧场

图4-74　观赏鱼池和丽达与天鹅雕像

池壁上和雕塑对应的方位上各有一组人形雕像喷泉，喷泉的水都是由上端瀑布下的水池提供的，人形雕像嘴中流出的水花落在下方的圆盘之上，最后再落至水池之中。整座水剧场被绿篱、雕塑、壁龛、鲜花装扮，为整个剧场带来了无限的

生机与活力，并在动与静之间保持了和谐。

从主体建筑沿着北端横轴向东，穿过高大的绿篱围墙就来到了宁静的柠檬花园（图4-73）。柠檬花园虽然布局简单，但在装饰手法上却形式多样。一个矩形的水池占据了整个花园的一半空间，另一半则被划分成4块大小相等的草坪，中央各有一个高大的圆锥形黄杨树和整齐排列的盆栽柠檬，两端分别是一组罗马式的壁龛。北端的水池边缘相对横卧着阿诺河神与塞尔基奥河神雕像，代表着托斯卡纳中最大的两条河流。河神身后的壁龛中是著名的《丽达与天鹅》雕像，而在对应的南端则是美惠三女神雕像和一座古典式圆形喷泉。光滑的大理石雕塑与凝灰岩制作而成的装饰壁龛，与周围幽静的环境相得益彰（图4-74），在水池的东侧有一座种植着栎树与紫杉的小庭院，通过道路中央一座矮小的圆形喷泉后，还有一座建造于1652年左右，用来表演戏剧节目的"绿色剧场"。

在庄园的东部还有一座具有异域风情的西班牙摩尔花园（Hispanic-Moorish Garden），这座花园是建筑设计师雅克·格雷贝尔在伊斯兰文化的影响下设计建造的。水成为整个花园的主角，每个角落，每条道路都有水渠流过，间或有喷泉藏入其中，使水流更加生动有趣。"溪流倒映出常绿树和圣约翰的图像，与翠绿的树篱、黄绿色的彩篱、鲜艳盛开的木槿和三角梅构成一幅精美的图画"（图4-75）。[①]

在西班牙花园的北侧还有一座神秘的罗马式石窟建筑，这个石窟建造于1570年左右。这座石窟的规模也相对较大，由上下两层组成，整个建筑由许多神秘的装饰图案构成，内部的洞窟内供奉着神话中的"潘神"（Grotta di Pan），仅仅依靠穹顶处的圆洞引入自然光。墙壁上也装饰着粗糙的凝灰岩与钟乳石，昏暗的光线下，整个空间充满着空灵、神秘的气氛（图4-76）。

在雷阿莱庄园最南端的湖水附近，还有一处

图4-75　西班牙花园

图4-76　罗马式石窟建筑

图4-77　群山环绕的雷阿莱庄园

截然不同的景观。这里的风景完全没有了法式与文艺复兴的式样，而是变成了英式自然景致的风格。宽阔的水面倒映着郁郁葱葱的树影，山毛榉、松树、橡树、圣栎、椴树、悬铃木、银杏、枫、七叶树等大量不同色彩的树叶落在油绿的草坪上，秀美的景象、光影的游戏、色彩的融合形成了这块富有浪漫情趣的自然景观。

　　"雷阿莱庄园就像是卢卡的历史陈列馆，不同时期几经易手的改建、与各个阶级转变的复杂历史，使它成为历史留下的珍贵宝藏。珍贵的建筑与精致的花园、罕见奇异的植物、绚丽多彩的颜色与奏起的交响乐，在雷阿莱庄园组成一道绚丽的风景"（图4-77）。[2]

①田云庆，朱静贤. 托斯卡纳园林（七）雷阿莱庄园［J］.园林，2016，12：50.
②田云庆，朱静贤. 托斯卡纳园林（七）雷阿莱庄园［J］.园林，2016，12：50.

4. 小结

卢卡园林建造的规模与范围相对较小，时间略晚于佛罗伦萨地区，先是受到文艺复兴风格的影响，但仍旧保留了当地的建筑与园林特色，当拿破仑的妹妹埃莉萨统治了卢卡地区后，也带来了法国古典主义园林风格。在历经40多年的统治里，法国的园林逐渐在卢卡地区推广开来，文艺复兴式与法国式的混合存在成为这里园林中的主流风格。

当意大利最终统一之后，园林的风格又随着时代的潮流而变化，园林的主人也经常根据自己对于园林流行风格的喜好进行改建。在这样特殊的历史进程中，卢卡的园林变得多姿多彩，充满情趣，在现在的卢卡园林中，经常可以看到多种园林风格共存的有趣现象。

4.2.3　锡耶纳地区

锡耶纳位于托斯卡纳大区南部，是一座与佛罗伦萨齐名的历史文化名城。在罗马殖民统治时期以前它是由奥古斯都在公元前29年所建的一块伊特鲁里亚定居地。这座古老的城市最初是由一条名为卡西亚大道的道路发展繁荣起来的，卡西亚大道联通着米兰、威尼斯等北部地区和南部的罗马，是当时重要的交通商贸道路。

13世纪时期，在席卷了亚平宁半岛的皇帝派与教皇派的战争中，锡耶纳站在了皇帝派一方，成为佛罗伦萨的敌对势力。佛罗伦萨与锡耶纳之间为领土、贸易进行过数次战争，最著名的是发生在1260年的蒙塔佩尔蒂战争和1269年的埃尔萨山口战争，导致两座城市之间始终保持着戒备状态，文化与思想的交流只能依靠市民之间的贸易往来进行。

由于受到皇帝派的支持和赞助，早期锡耶纳的银行业占据了当时宫廷贵族的大量份额，一度成为欧洲皇族的专用银行，赚取了大量的财富，在13世纪达到顶峰，成为当时富有的城邦国家。

当时城邦的权利由富裕的中产阶级控制，为了向民众宣扬政权的稳定与国家的兴旺，进行了大规模的建筑营造，著名的坎波广场正是在这样的背景下建造而成（图4-78）。这个巨大的马蹄形广场最初就是由分别通往佛罗伦萨、罗马和西部的马雷马（Maremma）等几个重要城市的交叉口建成的，并集中建造了许多具有防御功能的城堡和塔楼，逐渐将坎波广场围合起来，而这些建筑也成为历史的见证，一直耸立到今天。

锡耶纳对传统的守护也胜过佛罗伦萨，甚至严格限定着整个城市的色彩，以红色和铜黄色作为主色调，"锡耶纳"在意大利语中就是指美术中赭黄色的意思。直到1559年科西莫一世·德·美第奇统治时期，佛罗伦萨终于在教皇的支持下吞并了锡耶纳，使这座古老的城市成为托斯卡纳大公国的一部分。

如今的锡耶纳仍然保留了独特的中世纪城镇特色和本土的文化传统，成为国内外游客游览意大利的必达之地。每年坎波广场的赛马节依旧延续着古老的传统，为这座古老而充满活力的城市增添了无穷的魅力。1995年，锡耶纳古城被联合国教科文组织列为世界文化遗产。

1. 节奏、韵律——维科贝洛庄园

维科贝洛庄园（Villa Vicobello）可以说是整个锡耶纳地区文艺复兴时期庄园的代表。建筑和花园是奇吉家族（Chigi family）在16世纪委托巴尔达萨莱·佩鲁兹（Baldassarre Peruzzi）建造的。佩鲁兹是介于意大利文艺复兴时期锡耶纳地区园林设计和建造的重要人物，在锡耶纳地区后留存有众多的建筑园林作品，对16世纪以后的建筑师有强烈的影响（图4-79）。

庄园坐落在一个平缓的山坡之上，布局为规则的矩形，佩鲁兹根据高差采用了三段式布局（图4-80）。利用两条平行的南北轴线作为整个庄园的轴心，将位于不同台层上的花园景观串联起来，

图4-78　锡耶纳著名的坎波广场

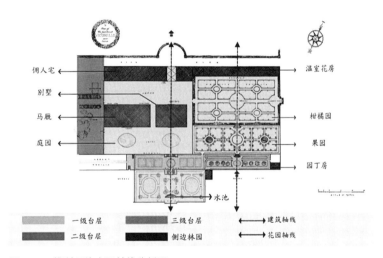

图4-79　维科贝洛庄园轴线分析图

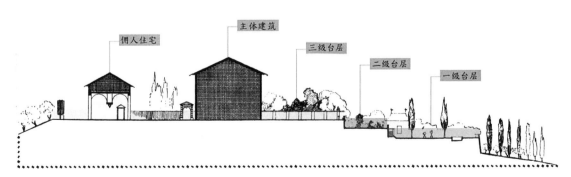

图4-80　庄园南北剖面图

为园林赋予了完美的空间组织。西侧的花园以别墅中央为中轴线，延伸到一个月牙形的鱼池。别墅前面是两个巨大的椭圆形花床，其间种植了生长茂盛的植物和花卉，郁郁葱葱的紫藤沿边界的挡土墙一路向下生长、垂挂。别墅下面的台层被称为普拉蒂尼露台（Pratini Terrace）。为了能够得到优美的远景，曾经种植于此的椴树在1963年的时候被移除了，现在布置了3个几何形的植坛，植坛中央是精心修剪的树篱，其中还有立体的奇吉家族的族徽。通过一个双向楼梯通往的是博纳文图拉（Bonaventura Chigi）在19世纪下半叶创建的"植物园"。在16世纪时，它还只是一个厨房花园。植物园的建立满足了植物实验的需求，同时不断引进外来物种装饰整个花园。现在这里已经种满了银杏树、黎巴嫩雪松（图4-81、图4-82）。

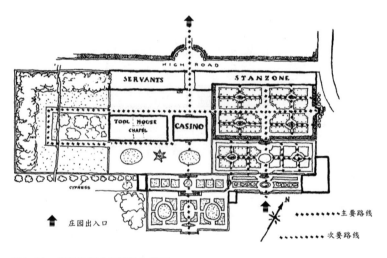

图4-81　维科贝洛庄园路径分析图

图4-82　维科贝洛庄园鸟瞰图

东花园位于别墅的东北面，与建筑的背面形成一定的角度，通过一个美丽的大门可以进入柑橘园。花园由围墙和树篱围合而成，最北面建有温室，花园空间被巨大的花床分为4块，花床上摆放了种植在巨大赤土陶盆中的柑橘植物。在花园的最北面有一个作为轴线结束的罗马式门廊。

在柑橘园下方是二级台层，被等分为规整的三大块矩形花床，中央布置了椭圆形的水池和花坛，并用修建整齐的矮树篱将方形和圆形精心地勾勒出来。花床里种植了不同品种的果树。这个区域后面是第三层露台，被称为"杜鹃花花园"，其中种植了众多鲜艳的花朵，包括海芋花、百日草、山茶花、夹竹桃以及棕榈树和纸莎草等植物（图4-83、图4-84）。

从图案构成的角度来看整座庄园，其实就是设计师佩鲁兹将圆形与方形不断组合的过程（图4-85）。圆形和矩形是平面图中最基本的元素，对圆形和矩形分别缩放可以得到椭圆与长方形，然后将圆形与长方形相切，可以得出一个图案，再将这个图案上下左右对称复制，就形成了花园的基本图案。在这个过程中不断使用阵列、缩放、重复、相切等空间组合方式，将二维空间中的图案建造在三维的世界中。在整个庄园的平面中，建筑的大小与庄园的构成至关重要，如果将佣人住宅的宽度设为A，主体建筑的面积设为C，经过对比可以发现，佣人住宅的宽度（A）和二级台层的宽度（B）以及一级台层中央的绿地的宽度（F）相等。而建筑的宽度与东侧花园中的宽度（D）以及一级台层中央围合绿篱的宽度（E）相等。尽管庄园的面积有限，在三维的空间中很难发现这些微妙的联系，但是佩鲁兹在二维的图案构成中将这些数据巧妙地结合在一起，形成一个和谐统一的整体，使整个园林在比例尺度、图案形式上都具有似曾相识的感觉，完美地将整体结构、轴线与比例结合，成为集合自然与艺术之美的经典园林。

图4-83 二级台层中修剪整齐的绿篱

图4-84 分割整齐统一的柑橘园

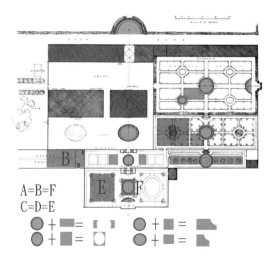

图4-85 庄园图案分析

2. 自然、古朴——赛尔萨庄园

赛尔萨庄园（Villa Celsa）坐落在距离锡耶纳西面约9km的山顶上，俯瞰着罗西亚河谷（Rosia vally）。赛尔萨庄园最早由锡耶纳的赛尔斯（Celsi）家族在13世纪时期建造，最初是作为锡耶纳防御体系中的一个据点（图4-86）。

16世纪初，建筑师巴尔达萨莱·佩鲁兹将这里改造成为花园，开辟了通向庄园的林荫大道，并根据山势的起伏设计了多级花园。遗憾的是1554年的战争使得园址中的一部分被奥地利和西班牙军队损毁。但在之后的修复重建中又增添了许多巴洛克式的元素，古老的城堡与各个时期的装饰构成了独具魅力的园林形式。

赛尔萨庄园的平面图较为简单，主要由城堡、花园、小教堂和一个北端的水池区域构成（图4-87）。整个庄园被开阔的草坪和茂密的林园所包围。由于古堡前方的地势较为狭窄，在前方有限的空地对空间进行分割，形成以城堡为中心的对称布局。四块面积相等的模纹花坛和一个半圆形的小水池组成了小型的花园，并随着地势分为3块略有高差的平台，站在水池前方可以遥望锡耶纳城中的高塔（图4-88、图4-89）。

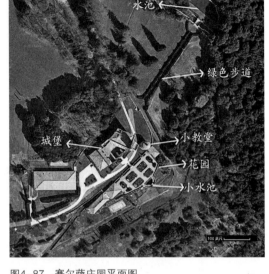

图4-87 赛尔萨庄园平面图

图4-88 赛尔萨庄园花园

图4-86 赛尔萨庄园小教堂

图4-89 赛尔萨庄园模纹花坛图案

在花园的东侧是佩鲁兹当年设计的文艺复兴式的圆形小教堂。穿过教堂有一条修剪整齐的绿篱围成的道路通向一个小型的水剧场（图4-90）。水剧场由3级台层组成，最顶层也是一个半圆形的水池，水池的两边是带有精致典雅雕塑的栏杆围合，蓝天、树木静静倒映在水面，形成了一个静谧安详的空间（图4-91）。

3．小结

相比佛罗伦萨与卢卡的园林，锡耶纳的园林在风格上显得更加淳朴与自然，造园的数量与规模都相对较小。园林在设计上以开阔的平坦地面为主，尽管也有3级的台层划分，但是台层的规模并不大。花园中装饰的华丽的壁龛和装饰类的雕塑相对较少，更多地注重花园形式上的结构变化所带来的图案美。

图4-90　两旁修剪整齐的道路

图4-91　精致典雅的水剧场

4.3　文艺复兴后期的托斯卡纳园林

16世纪末至17世纪，当欧洲的建筑艺术已经进入巴洛克时期后，园林的内容和形式也逐渐开始产生与众不同的变化。巴洛克（Baroque）是那些拥护古典主义者们对脱离古典构图法则和离奇古怪的建筑的称呼，也具有稀奇古怪之意。巴洛克风格反对墨守成规的僵化形式，追求自由奔放的格调，不同于简洁明快追求整体美的古典主义建筑风格，而是不遗余力地在建筑上表现细部结构和装饰。装饰上大量使用雕刻技巧，运用曲线来体现动感与活力。在一些关键部位使用明亮的颜色或镀金装饰，展示出令人惊叹的奢华。

当巴洛克艺术风格开始影响到园林之后，这种注重强烈的情感表达，气氛热烈、豪华生动、富有运动和变化的艺术逐渐打破了文艺复兴时期园林中的严肃、含蓄和均衡，使园林呈现出一种戏剧化的巴洛克风格。在园林中大量使用蜿蜒的曲线、具有强烈动感的寓言雕塑、各式各样的喷泉和跌水、新颖别致的水景设施——"水风琴（Water Organ）""机关水嬉"以及极具特色的"惊愕喷泉（Surprise Fountain）"——成为这一时期的代表。园林倾向使用夸张的表现手法，追求活泼的线性、戏剧性的透视效果，园中充斥着大量的装饰小品，建筑物的体量都很大，园中的林荫道纵横交错，甚至有些还采用城市广场中三叉式林荫道的布置方法。童寯先生认为"直到公元16世纪中叶，西方造园艺术才再放光芒。"[①]这一时期的园林不仅在空间上更为舒展，而且园林中的景物也日益丰富，在整体园林的处理上，力求将庄园与环境融为一体，将外部环境作为内部空间的延伸，以求形成完整美观的构图。

4.3.1　精致、典雅——冈贝拉伊亚庄园

冈贝拉伊亚庄园最早建于14世纪时期，历经了多次的改建和布局调整。1610年，佛罗伦萨著名的丝绸商人扎诺比·迪·安德列·拉皮（Zanobi di Andrea Lapi）购买了此处庄园，并于1619—1680年重新设计建造花园和别墅。到18世纪，这座庄园又成为卡波尼（Capponi）家族的财产，卡波尼家族又对这座庄园进行了扩建，增加了喷泉、雕塑、洞窟、绿茵保龄草地和模纹花坛等设施。此后，庄园主人不断更替，直到1896年被罗马尼亚公主吉卡（Princess Ghyka）买下，成为公主喜爱的居住地。但第二次世界大战使这座庄园损毁严重，成为无人问津之地。1954年，马尔切洛·马尔奇（Marcello Marchi）买下这座残破的庄园，他找到过去的平面图纸、版画、照片、地图等资料并苦心研究，重新修复了整座庄园。冈贝拉伊亚庄园成为马尔奇家族的宝贵财富，一直延续至今（图4-92）。

① 童寯. 造园史纲 [M]. 北京: 中国建筑工业出版社, 1983: 49.

图4-92 冈贝拉伊亚庄园鸟瞰

冈贝拉伊亚从外观上看是一个典型的托斯卡纳庄园，总占地面积为18亩，整个平面为矩形布局，二层楼四坡顶的主体建筑位于庄园的中心，建筑前方是一个长方形的庭院（图4-93）。建筑立面是典型的文艺复兴时期的建筑风格。花园平面采用双轴线——南轴线和东轴线布局，这种手法在意大利园林里非常少见，这样的布局也是充分结合地形的结果。南轴线和东轴线均沿着建筑的中心线展开，均衡、匀称而规则。庄园入口在别墅建筑的北侧，稍稍偏离南北轴线，狭长的入口通道掩映在柏树中，隐秘而恬静，柏树丛中有狮子雕像。建筑西面是一块开放的草坪平台，平台围栏用猎狗等动物雕像和花盆装饰。站在这里，极目四望，老桥、布鲁内莱斯基建造的第一座文艺复兴式穹顶等佛罗伦萨的城市美景尽收眼底（图4-94）。

庄园南轴线由建筑中心线向南展开，最早这里布置的是模纹花坛，但吉卡公主住在此地之后，便命人将花坛改成了4个水池。据说，她还时常在池中游泳。为了避人耳目，所以水池周围由狭长的绿篱包围。小径两侧是精心修剪的黄杨篱，路面以精致的卵石铺成，边缘置有几条坐凳。黄杨植坛中夹杂着月季花丛，鲜艳的色彩与黄杨植坛形成强烈对比。4个矩形水池及种在陶土盆中的柠檬，整体上形成一种装饰丰富、气氛宁静的效果（图4-95）。

南轴线的端点是半圆形睡莲池，围以佛龛形的整形柏树，构成一座小型的绿荫剧场。修剪成带有拱门的柏树绿篱作为花园的尽端，被称为美景门，从中可以眺望园外种满油橄榄的托斯卡纳山丘的绮丽景色。这里，

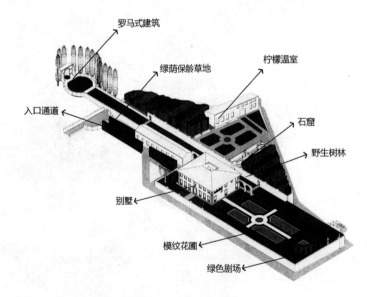

图4-93　冈贝拉伊亚庄园布局

图4-94 站在建筑前远眺佛罗伦萨城

图4-96 绿荫保龄草地

图4-95 模纹花坛改成的水池

图4-97 庄园东侧石窟

各种绿树被修剪成方形、圆形、锥形，绿色的元素不仅有点，也有线和面的组合，它们高低错落、层次分明。同样绿色的植物不仅有平面的构图，更有立体的组景，绿色的植物在这里已经成为一首绿色的诗、一幅绿色的画、一组绿色的交响曲！

别墅建筑东侧有一道两个连续拱门的墙面伸出，穿过拱门就是宽10多米、长200多米的绿荫保龄草地，草地贯穿全园。它的一端可以将人们引向花园最南边的平台，平台周围环绕着古老的柏树。在这里可以俯瞰神秘的阿诺河谷，观赏庄园周围的油橄榄和葡萄园，在视觉上将庄园内外美景连成一体，与托斯卡纳风景和谐共生。绿荫保龄草地的另一端是一个带有壁龛的罗马式建筑，壁龛内有海神尼普顿的雕像，雕像虽然已经模糊，但游客依然可以感受到它对意大利文化的传承。绿茵保龄草地是一个伟大的设计，这在托斯卡纳园林里是独一无二的，它不仅很好地维持了庄园的平衡，同时冈贝拉伊亚庄园也因为它的存在而别有一番风情（图4-96）。

冈贝拉伊亚庄园的另一部分是沿着东轴线布置的花园，它由石窟、杯型喷泉、柠檬园、柠檬温室以及野生树林等组成。这部分花园是将山腰推平而建，形成石窟式的空间，石窟里有潘神雕像，石窟前有杯型喷泉，园内点缀着卵石镶嵌的路面铺装、页岩及陶制塑像等，它们与四季的各色花卉一起形成了理想的、富有活力的小空间。柠檬园设在二层的平台上，从石窟两侧的双层台阶可以到达上层的柠檬园和野生的树林中。绿色的树林、黄色的柠檬既起到控制花园空间的作用，又带来一些自然的气息和充满生命的灵动（图4-97）。

冈贝拉伊亚庄园布局巧妙，不仅有着意大利园林特有的次序、平衡和对称，也有着巴洛克的神韵。经过几个世纪的磨砺，几代园主的经营，庄园尺度适宜、气氛亲切、光影平衡。含蓄的象征手法，简洁而均衡的构图，深远的透视画面，使其成为托斯卡纳地区众多花园中最为宜人的一个地方（图4-98）。

徜徉在冈贝拉伊亚庄园就像是在欣赏绘画或雕塑类的艺术作品，走在其中可以深刻地感受到这座园林所带来的艺术感染力和视觉冲击力。更为可贵的是这座庄园由于勤于修缮，一直保留着当年的华丽与优雅，园林的主人也居住其中，既满足了使用功能，也愉悦着人们的精神与情感。

4.3.2　狭长、深远——奇吉·切提纳莱庄园

奇吉·切提纳莱庄园（Villa Chigi Cetinale）位于锡耶纳西部12km的索维奇莱（Sovicille）小镇。庄园拥有广阔的林园、经典的对称轴线、造型多样的花圃，是锡耶纳地区一座著名的巴洛克风格的园林（图4-99）。

庄园最早的主人是锡耶纳银行业的巨头弗比欧·奇吉（Fabio Chigi，1599-1667），他聘请当地的建筑师于1651年建造了整座庄园。1655年，弗比欧成为教皇亚历山大七世（Pope Alexander VII），于是将庄园赠予自己的侄子弗拉维奥（Flavio）。1680年，弗拉维奥聘请贝尔尼尼（Gian Lorenzo Bernini）的学生封丹纳（Carlo Fontana）进行重新设计，将庄园改建成巴洛克式庄园（图4-100）。

庄园的入口处有一座巨大的大力神赫拉克勒斯雕像，林荫道路长约400m，两旁是茂密的橡树林，将道路一直延伸到别墅的前方。别墅前方两旁是由雕塑家朱塞佩（Giuseppe Mazzuoli）制作的"春天"和"夏天"两位女神雕像，在别墅之后的对应位置上是从罗马图拉真柱上复制出的两尊雕塑。巴洛克式别墅建筑的外墙上装饰着动感的花纹和奇吉家族的盾形徽章，象征着罗马教皇主教法冠和通往天国的钥匙。以别墅为中心，四周被划分成几何形的花圃和一个矩形的水池，花圃内种植着紫藤、蔷薇、芍药属植物、多年生宿根和球根花卉以及蔬菜。花坛由砾石小径分隔成不同的小区，即使在炎热的夏季也能让人感到一丝凉意。绿篱和花卉的分割样式也各不相同，黄杨树绿篱环绕着月桂树、荚蒾，其间点缀着黄灿灿的柠檬与白色的大理石雕像，为绿色的环境增添了不少颜色。在花园的外围还有小教堂、玻璃温室与农舍，现在这些已经改建为游人的住所（图4-101）。

穿过令人眼花缭乱的花园，别墅的后方是一条随着地势逐渐变得陡峭的松柏道路，设计师封丹纳在此利用矮墙将道路围合，直达露天剧

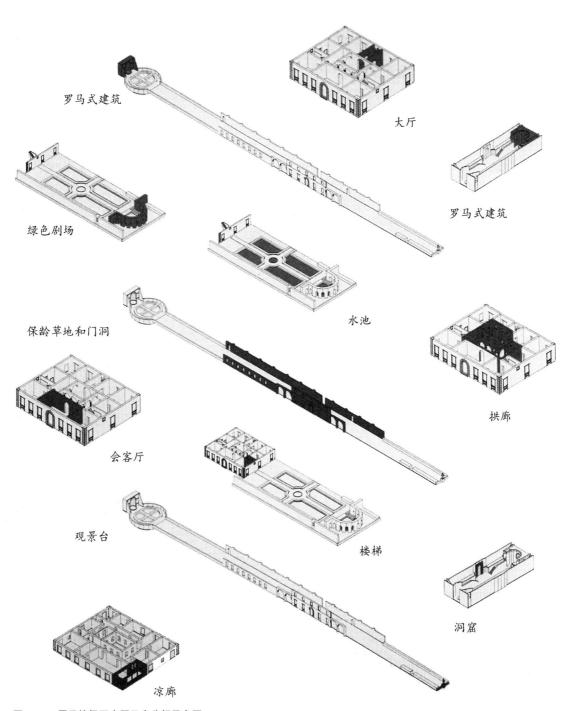

罗马式建筑

大厅

罗马式建筑

绿色剧场

保龄草地和门洞

水池

会客厅

拱廊

观景台

楼梯

洞窟

凉廊

图4-98　冈贝拉伊亚庄园元素分解示意图

图4-99　切提纳莱庄园景观

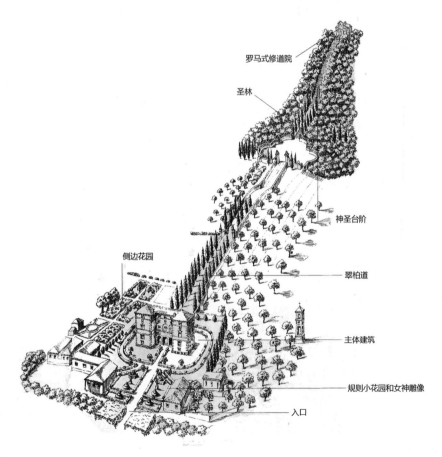

图4-100　切提纳莱庄园布局

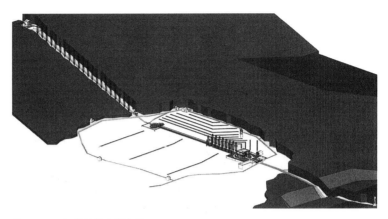

图4-101　切提纳莱庄园全景

场。沿着长长的草坪道路，除了半途中有对称的雕像壁龛外，举目四望尽是茫茫的绿色，高高的松柏使道路显得狭长而深远。露天剧场的围墙两边是对称的军官半身像，据说是纪念拿破仑1811年到此赏玩而设立的（图4-102）。

　　从露天剧场继续向上，为了象征通向天堂之路的崎岖和坎坷，道路被设计得狭窄而陡峭，两边种满了橡树的"圣林"，通过300多级的"神圣台阶"才可以到达山顶的罗马式修道院。修道院共有5层，结合着地势更加显得神圣庄严。据说，主教弗拉维奥·奇吉被教皇命令每天爬上圣斯卡拉"神圣的楼梯"，以弥补他的罪行。直到19世纪这座修道院还住着僧侣（图4-103）。

　　尽管现代园林景观的风格样式多变，但是出于对传统的尊重，奇吉家族孜孜不倦地对庄园进行着修复与维护，使整座庄园基本保持着当年的布局，依然能够感受到强烈的宗教氛围。当远处的蓝天与黛色的青山逐渐融为一体时，田野中的一道道绿色便形成了一幅壮丽的抽象画，使人真正感受到壮观轴线所带来的震撼（图4-104）。

4.3.3　纯粹、质朴——伊塔提庄园

　　19世纪时期，由于佛罗伦萨较低的居住成本，导致大量的文艺复兴住宅和别墅售价或租金低廉，人们花很少的费用就可以享受到整套庄园。美丽的园林、浓郁的艺术与文化气息以及宽松的政治氛围，吸引了许多国外的人士前来。伯纳德·贝伦森夫妇正是在这个时期购买了伊塔提庄园（Villa I Tatti），之后便邀请23岁的英国建筑师平森特（Cecil Pinsent）和建筑史专家杰佛里·斯科特（Geoffrey Scott）一起为他们重新设计打造这座美丽的花园。

图4-102　庄园各种形状的绿篱

图4-103　圣林与神圣台阶

平森特与斯科特在这次设计中配合默契，建立起深厚的友谊，还在位于佛罗伦萨的泰玫街（Via delle Terme）一同建立了工作室，共同研究打造具有文艺复兴特色的园林艺术。由于平森特当时还并未了解托斯卡纳园林，也从未做过相关的设计。所以他游览了冈贝拉伊亚庄园、美第奇庄园等著名的园林去寻找创作灵感，这些充满魅力的文艺复兴园林对平森特的触动很大，归来之后便着手设计了伊塔提庄园。

伊塔提庄园距离冈贝拉伊亚庄园很近，位于佛罗伦萨东北部24km塞替涅阿诺（Settignano）村附近的温切利亚塔（Vincigliata）山顶的斜坡上。庄园的东部是通往佛罗伦萨的交通要道，周围是一片广阔的农田。这里最早曾经是以研究文艺复兴历史闻名的美国学者伯纳德·贝伦森（Bernard Berenson）和其夫人玛丽（Mary Berenson）的住所，现在这座美丽的庄园成为"哈

佛大学文艺复兴研究中心"的场地（图4-105）。

伊塔提庄园从1911年开始修建，直到1916年才基本完成，成为当时第一个新文艺复兴风格（Neo—Renaissance）的庄园。入口位于山顶，是一条两侧柏翠成荫、缓缓上升的大道，这也是平森特最喜欢的设计之一。1951年，他曾给朋友寄送过一张柏翠大道的明信片，卡片上写道："我在1909年在这条林荫道上种满了柏树。"沿着这条优雅的通道，伊塔提庄园向世人缓缓揭开了它美丽的面纱（图4-106）。

在最高的台层上是平森特设计的"老园"，园中有着令人惊叹的巴洛克细节，别墅的一边是新巴洛克式的装饰墙，墙体被茂密的紫藤缠绕，若隐若现，每到花期，园内便芳香四溢。另一边是柠檬温室，用来在冬季存放柠檬度过冬季，但平森特将这里进行了改建，使它成为一个室外的休闲空间。贝伦森常在此接待客人，或给学生做讲

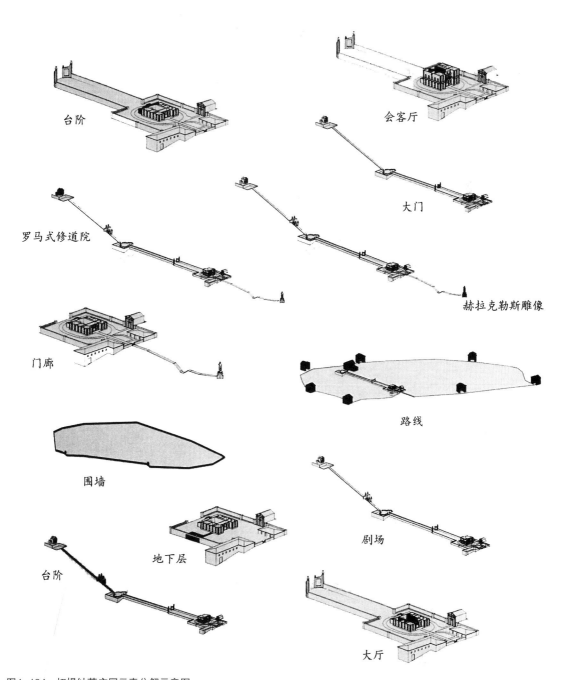

台阶

会客厅

大门

罗马式修道院

赫拉克勒斯雕像

门廊

路线

围墙

剧场

台阶

地下层

大厅

图4-104　切提纳莱庄园元素分解示意图

图4-105 伊塔提庄园鸟瞰图

座，或饮茶休息。柠檬温室的存在事实上是一个遮蔽花园观赏视线的屏障，因此，初次到此的造访者在穿过柠檬温室看到整个花园后不免会产生一种"柳暗花明又一村"的感觉。

庄园别墅建筑位于台地的最高层，可以遍览园内外的美景（图4-107）。主花园里，水池、绿篱、绿色花坛、台阶和通道沿着中心轴线左右对称布置。中轴线向南的尽端是茂密的圣栎树林，和谐、优雅而端庄。

伊塔提庄园的平面布局可以分为两个部分：以别墅建筑中轴线向南展开的主花园和以别墅建筑为端点、圣栎树大道为轴心向西展开的花园。平森特在伊塔提庄园设计中十分注重比例和结构，他在主花园的设计中，主要采用了文艺复兴和巴洛克花园典型的风格和结构，均衡、规则和对称布置是花园布局的主要特点。主花园中由台阶组成的道路贯穿了整个台层，成为花园的主轴

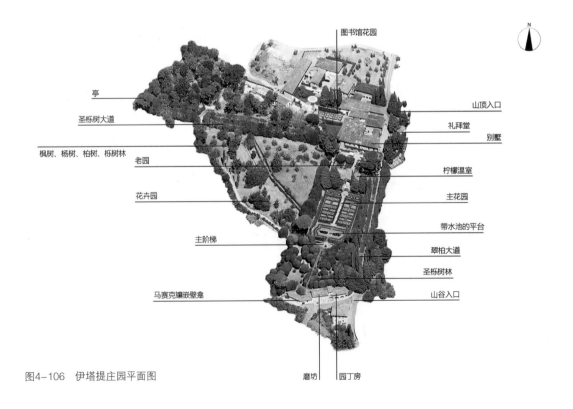

图4-106 伊塔提庄园平面图

图4-107　伊塔提庄园别墅

线。站在台阶下，底下的种植坛一览无余，远处绵延的山峰也尽收眼底。浓郁的绿植中，红色的屋顶星星点点，十分动人。

主花园里的景观与文艺复兴和巴洛克式的二维平面景观不同，平森特在这里设计了立体景观，立体的绿色景观艺术使伊塔提庄园独具魅力和特色。这些垂直竖立的树篱相互分割围绕形成了很多微妙的立方体式的空间，绿色的草皮、规整的树篱和远处自由生长的树丛表现出了各自独特的风姿，层次分明。花园里充满了深深浅浅的绿，这些绿色的元素堆砌出别具一格的艺术效果，让人振奋、心旷神怡，光影的对比也使得花园中单一的绿有了别样的生机和变化（图4-108）。

厚实的草皮上方伫立着方正的矮树篱，树篱后面的柏树丛和圣栎树丛虽然被修剪过，但还是抑制不住蓬勃向上的欲望。再往后自由生长的柏树丛，高耸入云。满目的绿色尽收眼底，层层叠叠、高低错落，神秘而庄重，犹如一首节奏紧密、气势磅礴的绿色交响曲，充满激情，让人忍不住欢欣雀跃（图4-109）。

沿着台阶往下走，每个台层上面都有由颜色各异的鹅卵石镶嵌而成的精美图案。底下的平台上设置了两个水池，树篱的轮廓与水池相同，层层排列、情趣盎然，最外层由超过12m的圣栎树丛将它围绕起来，犹如一堵坚实的墙面。

"平森特和斯科特为文艺复兴之后的托斯卡纳园林引领了立体绿色花园的潮流，成为新文艺复兴花园的一个范例。在伊塔提庄园设计完成后

图4-108　从第二台层俯视花园

图4-109　从底部台层回望别墅

图4-110　庄园鸟瞰图

很长一段时间内，被大部分人认为这就代表了文艺复兴的园林。但后来的研究表明，其中存在误解，文艺复兴时期的花园色彩并非只是单一绿色的。只是原本的花园经历了400多年的时光，鲜花大多衰败，唯有树木和绿草留存了下来，而正是这样的误解，成就了伊塔提庄园的独特与美丽。"①

4.3.4　整齐、统一——拉沃切庄园

拉沃切庄园（Villa La Foce）是平森特在意大利的最后一个项目，也被誉是最美的作品。庄园矗立在奥尔恰山（Val d'Orcia）和齐亚纳山（Val di Chiana）之间的山谷中，有着广阔的视野（图4-110）。

"1924年，英裔美国人欧瑞歌（Marquese

Antonio Origo）和卡汀（Iris Cutting）结婚后来到了锡耶纳买下了拉沃切庄园，并邀请43岁的平森特来改建建筑，扩大花园。"②在花园建立之初，周围还是十分贫瘠的，庄园中有一个封闭的小花园，布满了卡汀所钟爱的鲜花。平森特在设计构想时，不仅考虑到封闭的花园，还设法让庄园和大环境融为一体。

庄园随着地势被划分为3级台层（图4-111、图4-112）。建筑位于最高处的第三级台层之上，透过绿色的廊架，便可看到整个园林。第二层整个地面向一侧倾斜，这给庄园的设计带来了极大的困扰，但平森特巧妙地利用了树顶平整地面，使这个由矮树篱组成的花园在视觉上看起来和谐统一。拥有了多个庄园的设计经验，平森特在对庄园比例

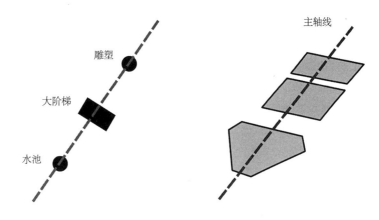

图4-111　庄园节点图　　　　　　　图4-112　庄园台层及轴线

图4-113　庄园中花团锦簇

的把控上显得更加游刃有余，不管是道路的设置、树篱的高矮，还是空间的分割，一切都好像得到了最完美的控制。只是与平森特以往设计的庄园不同，这里大量结合了英式的园林风格，卡汀在这里种植了大量的鲜花，使得庄园一年中大部分的时间都花团锦簇（图4-113，图4-114）。

花园顶端的部分位于第一层，这里地势较低，呈三角状，由一个巨大的阶梯作连接（图4-115）。高耸的柏树将花园严密的包围起来。沿着三角形平面排布的是四列盒状的矮树篱，它们整齐划一，犹如一列列接受检阅的军队，交汇于三角的顶点。漫步其中，可以看到树篱不一样的形状和深深浅浅的绿色。绿色花园的设计十分规范和条理清晰，向心的造型为单调的色彩增加了许多活泼的气氛（图4-116）。

拉沃切庄园保持了平森特招牌式的绿色结构，但却具备了丰富的色彩，如同英式花园那样布满了盛开的鲜花。从平森特前后作品的对比也

①田云庆，盛佳红. 托斯卡纳园林（四）伊塔提庄园［J］. 园林，2016，7：60.
②Clarke, Ethne. An Infinity of Graces: Cecil Ross Pinsent. An English Architect in the Italian Landscape [M]. New York: W. W. Norton & Company, 2013: 136-143.

图4-114　庄园盆栽鲜花

图4-115　庄园第一台层

图4-116　层次分明的树篱

可以看出，这位才华横溢的园林设计师不断地吸收文艺复兴的园林特色，又将当时的流行风格和本国特色融为一体，成为18世纪经典的园林。

4.3.5　小结

文艺复兴后期的托斯卡纳园林依然延续着文艺复兴园林的基本特征，在吸收巴洛克风格的基础上进一步创新和发展。园林设计师对于园林地形上高差的处理变得越来越娴熟。利用高差构建出的挡土墙内部或外部设计有造型各异的洞窟和复杂的喷泉系统，可以通过台阶或缓缓的斜坡到达上级平坦的台层。这样的手法将台层之间的距离分隔开，使台层变得更加清晰。在数量上也开始逐渐突破了3级台层，开始向更多、更高的方向发展。植物树木的高低组合与地形的变化形成了密切的联系。从视觉的效果上来看，竖向空间的关系变得更加明显，园林中的景观与主体建筑物

也形成呼应，加强了园林的整体性。

园林中主要景观的布局开始从主轴线逐渐延伸到次轴线或横向的轴线上。主轴线上往往表现为一些含有政治寓意的主题，黄杨、月桂等植物修建也最为整齐。而在次轴线或横向轴线上往往是反映对美好生活的向往或微型的剧场，植物更多倾向于柑橘、苹果、柠檬等植物。主次轴线上的不同主题丰富了园林中的情趣，在整体和谐中带来造型、质感和局部环境的更多变化。

园林中花卉类植物减少，绿色乔灌木类植物成为园林中植物的主角。由于战争的影响，托斯卡纳地区的园林一度变得破败不堪，花卉类植物并不如乔灌类植物耐久，以至被当时的人们误解，从而减少了花卉的种植。从英国人平森特设计的伊塔提庄园和拉沃切庄园中可以看出绿色植物成为园林的主题，形式也不再只是规则的几何形，而是以全新的组合方式形成"绿色的艺术"。

5

第五章

托斯卡纳
园林中的
造园要素

5.1　选址

托斯卡纳园林的选址与文艺复兴时期对古罗马时期建筑的复兴和推崇有着紧密的联系。古罗马人非常注重风光秀美，空气新鲜的田野山区。"从古希腊开始，圣地大都建在风景优美的山林水泽之间。"①古罗马人吸收了古希腊的造园理念，对于拥有温泉水源的地区情有独钟。古罗马哲学家、戏剧家赛乃卡（L.A.Seneca，约公元前3—公元65）曾评价罗马人"任何地方，只要有一汪温泉从地下涌出，你就要马上去造一座别墅；任何地方，只要有山环水抱，你就要马上去造一座别墅。"古罗马建筑师和工程师维特鲁威在《建筑十书》中也曾提到"首先是选取一处健康的营造地点。地势应较高，无风，不受雾气侵扰，朝向应不冷不热温度适中。"②

14世纪时期，在经历了肆虐欧洲大陆的黑死病之后，心有余悸的意大利人普遍认为郊外新鲜的空气具有治愈的作用。薄伽丘的《十日谈》中有这样的描述："在乡下，我们可以听百鸟欢唱，可以观赏青山绿野，欣赏田畴伸展、麦浪起伏以及种植花草树木。我们还可以眺望那辽阔的苍穹，尽管上天对我们这样严酷，可还是在我们眼前展示出它那不知要比我们这座城市美丽多少倍的魅力，除了这些以外，那儿的空气也新鲜得多。在这样的季节，生命所需的东西多得很，而烦恼却是很少，但那里毕竟是屋少人稀，虽然乡下的农民也像城里的市民一样不断有人死去，但相比之下也就显得不那么太触目惊心了。"③对于黑死病带来的恐惧，人们更向往生活在清新自然的环境之中，豪华奢侈的庄园如同雨后春笋般出现在托斯卡纳城郊山区的丘壑之中。

15世纪时期，阿尔伯蒂在《建筑论》中对于别墅庄园的选址建议道："我们应该能够步行到别墅中去，作为一种锻炼，然后再骑马返回。那么，别墅一定是要坐落在离城市不很远的地方，沿着一条轻松且不受阻碍的路线，要在一个无论是夏天还是冬天，来访的客人和日常用品的供应都可以通过双脚、马车或者乘船到达的地方。"④从文艺复兴时期托斯卡纳城镇与周边园林的距离来看，基本遵循了这样的理论，大多数庄园都选择在城市近郊外的村庄或是可以眺望城市的丘陵山地之上，有些地势较为平坦，有些存在一定的高差。整个园林的面积较大，随地势的高低开辟成不同的台层，通过轴线的强调与处理，以人工的花草、喷泉、雕塑、建筑按不同的从属关系规则设计（图5-1）。

除了选择地势较高的地方之外，充沛的阳光和良好的通风环境也是非常重要的考察因素。"应当注意，所有的建筑物都应具有良好的采光，但显然在别墅中这一点也不难办到，因为没有邻居的墙壁遮挡光

①陈志华. 外国造园艺术 [M]. 郑州：河南科学技术出版社，2013：4.
②维特鲁威. 建筑十书 [M]. 陈平，译. 北京：北京大学出版社，2012：69.
③薄伽丘. 十日谈 [M]. 王永年，译. 北京：人民文学出版社，1994：14-15.
④莱昂·巴蒂斯塔·阿尔伯蒂. 建筑论 [M]. 王贵祥，译. 北京：中国建筑工业出版社，2016：134.
⑤维特鲁威. 建筑十书 [M]. 陈平，译. 北京：北京大学出版社，2012：127.
⑥金云峰，朱蔚云. 15-16世纪意大利园林轴线空间生成与演变 [J]. 广东园林，2016（03）：3.

主要园林景点：
1 波倍利科花园 (Giardino Buonaccorsi)
2 蔡尔塞城堡 (Castello di Cetsa)
3 奇吉—塞雷纳别墅 (Villa Chigi Cetinale)
4 勒·巴尔泽 (Le Balze)
5 博比利花园 (Bobli Garden)
6 卡波尼别墅 (Villa Capponi)
7 卡斯特罗 (Castello Gardens)
8 切莱花园 (Parco Celle)
9 科西尼别墅 (Palazzo Corsini)
10 甘贝拉伊 (Villa Gamberaia)

11 全伽迪尼·科尔西·萨尔维亚蒂 别墅 (Villa Guccciardini Corsi Salviati)
12 美第奇别墅 (Villa Medici)
13 德拉佩特里 (Villa della Petrala)
14 拉·彼特拉别墅 (Villa La Pietra)
15 普拉托利诺别墅 (Villa Pratolino)
16 赛姆花园 (Giardino dei Semplic)
17 伊塔蒂庄园 (Villa I Tatti)
18 拉·佛斯 (Villa La Foce)
19 加扎尼别墅 (Villa Garzoni)
20 曼西别墅 (Villa Mansi)

21 罗西别墅 (Villa Rosie)
22 托里吉安尼别墅 (Villa Torrigiani)
23 马塞别墅 (Villa Massei)
24 卡普里亚别墅 (Villa Capriie)
25 帝王园 (Villa Imperiale)
26 米拉费奥里别墅 (Villa Mirafiore)
27 皮科洛米尼别墅 (Palazzo Piccolomini)
28 比萨植物园 (Orto Botanico, Pisa)
29 庞蒂尼亚诺·圣彼得修道院 (Cartusa di Pontignano)
30 文托诺 (Venzano)

图5-1　托斯卡纳地区园林分布

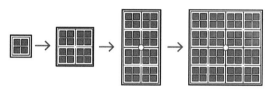

图5-2　四分园变化形式

线。"⑤从早期的卡雷吉奥庄园、美第奇庄园到卡斯特罗庄园再到伽佐尼花园，建筑毫无例外的面向南方，为建筑的保暖和园林植物的生长提供了有利的条件。

　　随着园林的设计者对于丘陵地形设计的掌握和对花园装饰的不断创新，特里博洛、贝尔尼尼等当时著名的建筑设计师巧妙地利用山地的高差，在复杂的地形上顺应地势开辟成多层的台地，台地的层数不断的增多，花园的装饰也越来越华丽，最终形成著名的"台地园"。法国作家蒙田（Michel de Montaigne）曾在游览了罗马附近的园林后说："我在这里懂得了，丘陵起伏的、陡峭的、不规则的地形能在多么大的程度上提高艺术，意大利人从这种地形得到了好处，这是我们平坦的花园所不能比的，他们最巧妙地利用了地形的变化"。

5.2　空间序列构成

　　空间序列是建筑中最基本的空间构成形式，园林空间序列关系到空间整体结构和布局。人在运动中参与空间、时间、情感体验，可感知到空间单元以外的某种氛围、意境、寓意。园林空间序列跟建筑空间序列一样是对运动方向和轴向性之间基本关系的探讨。

　　在托斯卡纳园林的空间序列中，轴线是决定空间形式的重要元素，是园林设计中的灵魂，支撑起整个园林的"骨骼"，几乎所有的景观要素都围绕着不同的主次轴线延伸发展，将各种构图形式与文化思想结合。人们在欣赏园林的过程中，由于园林中的景象是随着人的运动过程不断展开的空间序列，原本三维静止的园林空间，因为游览变成了动态的四维空间。游人可以在这样动态的园林空间中更好地欣赏园林，体会园林中的意境。

　　通过对托斯卡纳地区园林平面图的研究，结合地形、空间、功能等多方面综合分析，可以从以下几种空间类型分析托斯卡纳园林空间序列的构成方式。

5.2.1　单一型空间

　　早期的托斯卡纳园林秉承了古罗马园林的风格，在中世纪四分园十字轴布局的基础上，追求均衡和变化的统一。从内向封闭向外向扩展，融入自然环境，由单一空间向轴线空间过渡。"四分园的组合变形虽丧失了单一空间的内在统一性，但造园师为了平衡单元空间与要素的关系，提出用几何秩序排列园林空间，并使之成为经典公式"（图5-2）。⑥

　　由于四分园的发展和影响深入人心，单一型空间的布局方式成为托斯卡纳园林中最为普遍的一种方式。一根非常明显的主轴线形成左右或上下对称的平面布局。主轴线往往就是整座园林的中心，处于绝对统治地位。在构图上强调对称性和统一性，建筑物则位于轴线之上或两端，其余所有的景观要素均服从中轴。华丽的花坛、典雅的雕塑、精致的喷泉、壮丽的水剧场等依次排列在中轴两侧。主从分明，重点突出，各部分关系明确、肯定，边界和空间范围一目了然，空间序列段落分明，给人以秩序井然和清晰明确的印象。整座园林序列单一，轴向性和运动方向保持一致，由中轴线串联起整个园林中连续的空间序列。

图5-3 单一型空间布局

美第奇家族早期的卡雷吉奥庄园在传统四分园的基础上，将建筑的中轴线作为整个花园的对称轴，园中的景点也都沿着轴线进行布置（图5-3、图5-4）。单一型空间的另一种表现形式是平行布置，即通常以一大一小的空间组合而成（图5-5）。

由特里波特设计的卡斯特罗庄园整体的平面近似中轴对称的长方形，布局十分简洁规则。以中轴对称的布局进行设计，将建筑统筹到全园的景观布局之中。中轴线从林荫道开始，穿过别墅前方的水池、别墅建筑一直延伸到3层台地花园之中的水池前。别墅的后方是左、中、右3个独立的花园，左边和右边的花园应用模纹花坛和方形水池形成对称的布局，但是经过岁月的变迁，只在右边留下一个狭长的小型花园，其余部分已经变成了自然式的林园。在主轴的营造上，通过修剪整齐的树篱、喷泉雕塑、洞窟等一系列景观，伴随着缓坡和台阶的变化，利用高差不大的地形产生了辽阔深远的气势（图5-6）。

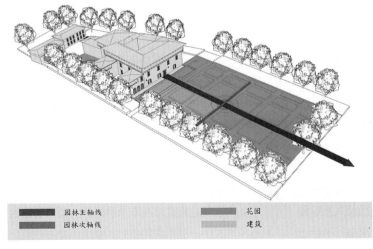

■ 园林主轴线	■ 花园	
■ 园林次轴线	■ 建筑	

图5-4 卡雷吉奥庄园轴线分析图

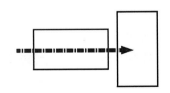

图5-5 单一型空间平行布置

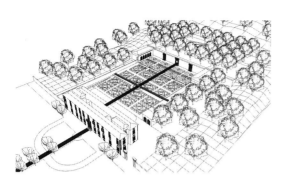

图5-6　卡斯特罗庄园轴线分析图

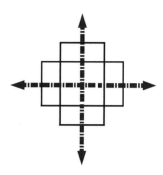

图5-7　交叉型空间

5.2.2　交叉型空间

随着园林设计的不断尝试与探索，园林中轴线的构成也逐渐发生变化。在轴线的设计上非常注重因地制宜，灵活多变的特征，根据每个园林的环境与地势的不同差异，轴线的位置和数量也有很大变化。交叉空间布局是园林中两个空间单元的轴线相互交叉，园林中的空间向两个方向扩展，两个空间的交叉点形成一个主体空间，通常设置一个醒目的景点，四周方向的终点各布置有对景的雕塑或喷泉（图5-7）。

两个空间交叉形成的空间场景或节点成为构图的中心点，其他各个空间环绕在四周布置，利用狭小的空间进行衔接，从而形成一个完整的空间序列。通过空间大小的对比，小空间连接中心节点与四周的空间进行空间的收束，形成整个空间序列中抑扬顿挫的节奏感和空间开合的变化。波波利花园就是这种空间类型的代表。在东部花园的区域以最北端的皮蒂宫和南端的丰收女神雕像为轴线向南北方向延伸；在西部花园中则以罗马门广场、伊索罗托小岛、林荫大道为轴线，向东西伸展。两条轴线各具特色，两条轴线交汇于海神雕塑附近。南北轴线落差较大，高低明显，设计紧凑而精巧。东西轴线坡度较缓，狭长而舒展。两根轴线像龙骨一般撑起了整座花园的框架结构，使整个空间主从分明，利用空间的收束，加强了序列的节奏感，花园的景致便如同画卷一

般围绕着两条轴线依次展开（图5-8）。

5.2.3　组合型空间

在巴洛克风格的影响下，园林的形式越来越开放。为了使用面积较大或非规则的园址，营造结构更复杂的空间，轴线的方式和数量也开始发生变化，出现了以"井""丰"字形轴线的空间组合方式。

组合并不是单个空间单元的简单叠加，而是由多个空间单元形成的复杂空间的动感体验。托斯卡纳园林中大多属于规则几何形构图，在园林的多重组合上主要是沿着中轴线对称的单一空间与交叉型空间组合而成。这种组合建立在前面两种空间类型的基础上，具有一定的相似性。两者的组合形式可以在大多数文艺复兴园林中见到（图5-9）。如伽佐尼花园中，园林的空间都沿着中轴线对称，在与次轴线的交汇处形成了不同的节点，在次轴线的两端又布置有景点作为对景，多级台层的节点与对景通过疏密关系处理，丰富了整个空间的序列（图5-10）。

5.2.4　分节型空间

分节型空间是指各个独立空间单元紧凑地并置，使每个空间单元形成一条独立的轴线，相互穿插，从而形成一个结构完整的布局形式。园林中的分节空间主要是由于地形的限制与设计上

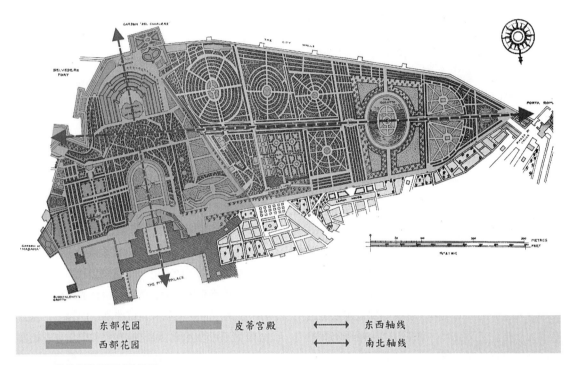

■ 东部花园	■ 皮蒂宫殿	←→ 东西轴线
■ 西部花园		←→ 南北轴线

图5-8　波波利花园区域轴线图

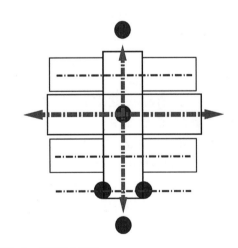

图5-9　多重组合空间

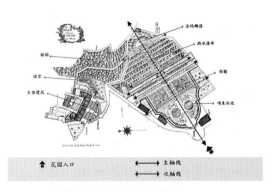

图5-10　伽佐尼花园平面及轴线分析

的创新，将本不规则的空间划分成多块规则的空间，并在划分出的小空间内再使用古典几何对称式布局的形式（图5-11）。

　　如冈贝拉伊亚庄园运用非对称式的空间结构，府邸延伸出的中轴线被弱化，加强横轴，长

近250m的草坪横切于别墅建筑的东西轴线，这种空间效果使得横轴在连续空间的两侧展开，作为横轴的草坪没有对称，而是运用了多样化的空间并置。每个区域的空间是相对独立的，但是通过对空间的转折处理，弱化了空间转折带来的转

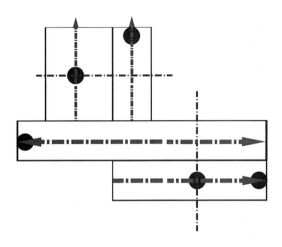

图5-11　分节空间

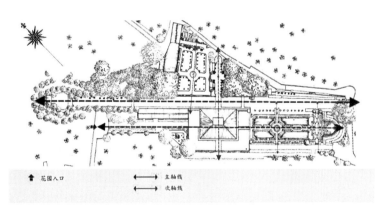

图5-12　冈贝拉伊亚庄园轴线分析

角，丰富了园林中的路线，增强了园林中的透视感，使园林空间显得整齐统一（图5-12）。

5.3　路径序列

　　人对空间序列的认知和研究可以有多方面的体验，包括视觉、听觉、嗅觉、触觉等。但所有类型的认知方式都离不开运动，人的可达性是感知空间序列的前提，而构成空间序列的重要元素之一就是路径。

在托斯卡纳园林中，平面图中错综复杂的道路系统像是园林的经络，将整个园林紧紧地联系起来，密密麻麻的道路形成了建筑物与自然之间的沟通。道路的长短宽窄因庄园大小而异，几何形的园林构图外框往往使整个园林中的道路系统出现横平竖直的形态，在布局上追求一种理性的形式美。园林中的主要道路往往与建筑主轴线相关，呈现出规则有序的特点。

5.3.1　串联型路径

单一型的空间中所有的景点沿中轴线分布，依靠路径将各个景点串联起来，通过不同造型、材质、高差、分布位置等使园林具有节奏和韵律，从而形成串联型路径。这种类型的路径指向性明确，整个空间序列路径表达了一种方向性，同时意味着运动、延伸和增长（图5-13）。

在奇吉·切提纳莱庄园中，由于地形上的狭长，一条全长1.1km的道路贯穿整个庄园，东西斜向倚靠着陡峭的山峰和茂密的树林，环境清幽，景致怡人。悬殊的高低落差和宽阔的道路又被后人称为"连接天堂和人间的道路"（图5-14）。

"串联型的路径往往根据一定的内容题材及主题故事、历史文脉、宗教礼仪、生活习惯等来安排组织空间，在同一主题建立重复的逻辑联系，通过对其心理描绘、联想等途径来体验场所感，而不是局域视觉形式上的实现呼应与连续编排的关系。"[1]

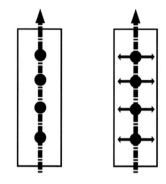

图5-13　串联型路径

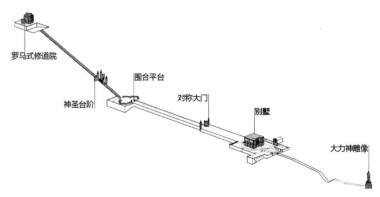

图5-14　切提纳莱庄园路径分析

罗马式修道院
神圣台阶
围合平台
对称大门
别墅
大力神雕像

①陆邵明. 建筑体验——空间中的情节［M］. 北京：中国建筑工业出版社，2007：53.

5.3.2 辐射型路径

辐射型路径往往表现为以园林中的某栋建筑为中心，其他的景观都围绕这个中心的四周布置，由中心区域发射出多条路径到达周边景观区域，中心区域成为连接各个景观分区的枢纽（图5-15）。

在托斯卡纳辐射型路径主要集中出现在卢卡地区的园林中，此地的园林大多保持了法国古典园林的风格。例如在17世纪卢卡曼西庄园的布局中，一个园林就存在两个中心枢纽（图5-16）。曼西庄园的入口位于建筑左侧，入园之后主体建筑成为路径的辐射点，向四面八方展开无形的道路，连通上方的喷泉雕塑，左右两端的附属小花园。在右边的花园中，以花园中心的雕塑景观为中心展开辐射轴线，成为一个无形的视觉中心。

这样的布局使中心庭园与周围环境布局构成了强烈的对比关系，路径也可以视为中心部分的扩展，空间的疏密变化也形成了富有韵律的节奏感，放射型的路径产生无限延伸、极富张力的特点，为整座园林增添了无穷的魅力。

5.3.3 综合型路径

在一些面积较大的园林中，由于地形的复杂多变致使园林的布局也十分特殊，园林中的路径没有十分明确的路线以及相应的空间序列。彭一刚教授在《中国古典园林》中对空间组成复杂的园林划分成几个相互联系的"子序列"。"子序列"中往往存在多种序列形式，这样的类型在托斯卡纳的园林中十分常见。例如波波利花园中是以串联型和环形路径结合的方式出现。受地形的限制，花园以"丁"字形布局，南北轴线与东西轴线相交，而在被主轴线分割开的众多子序列中，又分别存在环形路径、辐射型路径、非对称式路径等多种形式，形成一个综合性的路径序列。

无论从哪个入口进入波波利花园，游人都有仿佛置身于一幅幅连续而又充满变化的风景画之

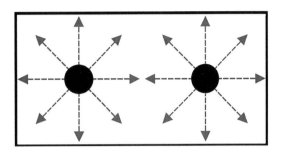

图5-15 曼西庄园辐射型路径分析

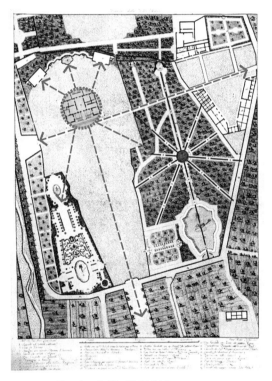

图5-16 曼西庄园辐射型路径分析

中的感受。从西北入口进入一条狭长的银杏道，外围的小道绕着整个花园形成一个闭合的环形路径。如果以主轴线的道路来看，就形成串联型的路径。在东西轴线分割出的小型区域内，还保留着多个辐射型路径的小花园。独立的小花园的道路有着各式各样的组合形态。花园彼此之间的道路并不在同一水平线上，也有个别出现不对称

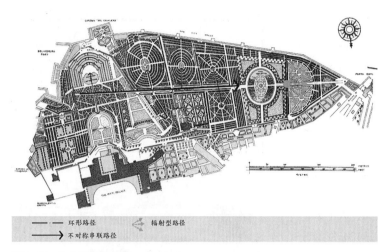

图5-17   综合型路径分析

式的路径，景点也往往独立，不同于主干道的庄重与稳定，为园林带来
了欢乐和活泼的氛围（图5-17）。

5.4   雕塑

雕塑一直就是意大利园林中重要的装饰元素，始终伴随着意大利园
林的发展，与园林环境中绿地水景、林木地貌、园林建筑小品等要素，
通过距离、尺度以及视距有机地结合起来，互为条件、相互补充，形成
了统一协调的关系和对比的变化，充实点缀着园林，成为园林某一局部
甚至全园的构图中心，起到画龙点睛的作用。

在文艺复兴时期，邀请社会名流在花园中举行大规模的宴会是主人
实力的象征，也是对外交流的平台，许多当权家族的花园中包含着许多
政治意义。精心布置的雕塑是主人精神的寄托和思想的体现，成为一种
象征的符号，拉近了与人之间的距离。因此，利用各种不同主题的雕塑
渲染烘托园林的氛围，成为托斯卡纳园林、意大利园林，甚至整个西方
园林中常见的表现手段。

从雕塑在托斯卡纳园林中的形式和意义来看，可以将雕塑分为标识
类、神话类、隐喻类3种类型，这些寓意不同的雕塑以各种形式交替或
同时出现，为园林增添了不同寻常的内涵。

①莱昂·巴蒂斯塔·阿尔伯蒂.
建筑论[M].王贵祥，译.北京:
中国建筑工业出版社，2016:
134.

5.4.1 标识类雕塑

标识类雕塑是意大利园林中最常见的一种。这类雕塑的特征和寓意简单明了，一般具有独特人物的造型和视觉样式，又可分为族徽类、场景类两种雕塑。族徽标识源于战争。中世纪时期，欧洲的骑士往往身披盔甲、头戴面罩参战，由于武器装备辨识度不高，大家会在盾牌上画上代表己方的图案。为了能让别人清晰辨认，盾牌的设计一般都采用鲜亮且对比强烈的颜色。这样就慢慢形成了族徽，拥有族徽也成为当时贵族社会中光耀门楣的象征，专属的家族图腾，也成为一种家族精神的传递。阿尔伯蒂就曾提及"我们的祖先会在花园的地面上通过黄杨木或充满芬芳的花草来书写他们的名字以取悦主人，这是多么令人着迷的习惯！"[①]在园林中表现主人的名字和族徽也成为当时园林设计的常用手法。在伽佐尼花园中以绿色的琉璃、切割规则的石块和五颜六色的花草拼成家族图案，在族徽的两侧有两条台阶通往上面的平台，左右两侧草坪对称布置，其间栽植各色花草植物，一年四季五彩缤纷，宛如两幅色彩绚丽的绘画作品（图5-18、图5-19）。

此外，在锡耶纳的维科贝洛庄园，黄杨被修剪成立体效果的绿色族徽形态，不仅向无数游人展示了家族的荣耀，绿色的园艺技术也令人赞叹不已（图5-20、图5-21）。

场景类雕塑涵盖了意大利各个时期的生产生活场景，装饰的石盆、石雕的鲜花、水果、人物等应有尽有。最为典型的例子是波波利花园，在园林中拥有众多精美的雕塑。林荫道两侧放置着美第奇家族在不同时期收藏的雕塑作品，包括当时发掘出的古罗马人物雕像，另外还有众多生活场景雕塑，都是当时生活的一个缩影；有的酿制葡萄酒，有的放风筝，还有的相互顾盼、嬉戏欢笑，使整个花园充满了欢乐的趣味（图5-22、图5-23）。

图5-18 族徽周边由绿篱组成的图案

图5-19　琉璃、石块等组成的彩色族徽

图5-20　奇吉家族的族徽

图5-21　黄杨被修剪成立体效果的绿色族徽形态

图5-22　放风筝的男子雕像

图5-23　酿制葡萄酒场景的雕塑

5.4.2 神话类雕塑

神话类题材的雕塑以希腊和罗马神话中的人物为主，主要表现神的故事和英雄传说，神话成为意大利园林中雕塑的主要创作源泉。在众多的园林中，神像的雕像种类繁多，通过对文艺复兴时期园林中的雕塑统计，雕塑题材对应的人物与出现的次数如表5-1所示。

其中以大力神赫拉克勒斯的事迹作为雕塑主题出现的频率最高。在意大利传统文化中，赫拉克勒斯一词已经成为勇气和力量的化身。

在卡斯特罗庄园中，大力神赫拉克勒斯是年仅17岁就成为佛罗伦萨统治者科西莫·美第奇内心的精神支柱。因其出自家族旁支毫无声望，且佛罗伦萨城尚处于一片混乱状态之中，在风雨飘摇的局势下，他继承了爵位，而他颁布的第一条命令就是建造花园，在花园中一尊赫拉克勒斯与巨人安泰俄斯搏斗的场景雕塑成为科西莫与困难斗争的象征（图5-24）。大力神赫拉克勒斯（Hercules）最终发现了安泰俄斯（Antaeus）的秘密，于是双臂紧紧地勒住敌人的腰部，缓缓地将他举起。而安泰俄斯脱离了大地之母，正处于濒死的挣扎中，他绝望地嚎叫，全身的肌肉近乎痉挛，右手死死地按住赫拉克勒斯的头，左手努力挣脱赫拉克勒斯紧锁的手臂。乔万尼·博洛尼亚（Giovanni Bologna）设计制作的这座喷泉雕塑，至今仍是意大利最优秀的作品之一，每一个细节都是完美的艺术典范。两个人物紧紧地扭结在一起，让人体脱离底座的约束而飞舞在空中，体现了力量的对抗和平衡，给人一种运动和节奏的美感，青铜的材质在白色大理石的映衬下，更增加了雕塑的紧张动态与生动效果。同时，宇宙之子赫拉克勒斯也象征科西莫的睿智与强大，更显示出他对佛罗伦萨统治的信心与对外扩张的雄心，他将自己的坚强意志、精明强干、政治上的野心勃勃、临危不惧和力挽狂澜的气概都寄托在庄园与雕塑之中。之后，科西莫通过打败叛军、

战胜锡耶纳稳固了自己的统治，最终于1569年成为第一代托斯卡纳大公。在其他园林中的雕塑还有赫拉克勒斯扼死涅墨亚森林的猛狮、怒斩9头蛇、驯服冥府3头刻尔柏罗斯的狗等。

在园林中乐此不疲地讲述着赫拉克勒斯的英雄故事，因为他是一个关于力量、苦难和救赎的永恒传说。他激励人们披荆斩棘、克服重重困难取得胜利，完成不可能的挑战。海神尼普顿、丰收女神、酒神从侧面也反映出当时的人们对于自然的敬畏和对于富饶美好生活的向往。

5.4.3 隐喻类雕塑

隐喻类雕塑通常没有固定的形式，与其他两种雕塑一样普遍出现在园林之中，往往处于比较重要的位置。对于此类雕塑的解读，只有通过阅读相关的历史资料和考证，才能真正理解这些雕塑设计的真实意义。

在加佐尼花园连续不断向上的台层的顶端是一位带有翅膀的法玛女神正在吹奏一只贝壳状的号角，泉水从号角之中喷溅而出。而在她的右手中还有一只号角，据说两只号角分别代表着好的运气与坏的运气。在意大利的文化中，通常将名誉（Fama）、命运（Fatum）、光荣（Honor）、英勇（Virtus）等抽象性的概念设计为专有的形象，用来反映主人对某些方面的期望（图5-25）。

在波波利花园的出口处，有一座胖胖的人物裸身骑在乌龟上的雕像，其神态憨厚可爱，这是以侏儒莫尔甘特（Morgante）为模特创作的（图5-26）。根据史料记载，在当时侏儒地位低下，只被人视为一种财产，而莫尔甘特却是托斯卡纳大公科西莫·美第奇心目中的明星艺人，不仅赠给这位弄臣土地庄园，还允许他结婚，甚至为他制作雕像和绘制油画。至今，我们在乌菲兹美术馆中还可以看到当年以他为主题的油画《侏儒莫尔甘特肖像》，这位著名的侏儒也在油画中成为永恒的艺术（图5-27）。

文艺复兴园林中雕塑与神话人物　　　　　　　　　　　　　　　　　　表5-1

神话人物	出现的园林	事迹	形象
大力神赫拉克勒斯 （Heracles）	卡斯特罗庄园 波波利花园 雷阿莱庄园 托里吉安尼庄园 奇吉·切提纳莱庄园	赫拉克勒斯，身披雄狮皮，手持大棒。他完成了12项被誉为"不可能完成"的任务，还解救了被缚的普罗米修斯，隐藏身份参加了伊阿宋的英雄冒险队	
海神尼普顿 （Neptunus）	波波利花园 冈贝拉伊亚庄园	尼普顿的显著特征是手持三叉戟，他的圣兽海豚则寓意着出海的宁静	
丰收女神德墨忒 （Demeter）	伽佐尼花园 波波利花园	丰收女神一只手抱着一捆刚刚收获的麦穗，另一只手拿着镰刀，麦穗象征收获的财富，镰刀则代表无往不利	
酒神巴克斯 （Bacchus）	伽佐尼花园 曼西庄园	传说中酿酒的发明人，形象为一手持酒杯，一手拿松果木神杖，为欢乐、文明之神	

图5-24　卡斯特罗庄园中的大力神雕像

图5-25　法玛雕塑

图5-26　莫尔甘特雕像

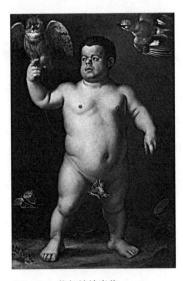

图5-27　莫尔甘特肖像

在卡斯特罗庄园中的洞窟内，有许多精美细腻的动物群雕，周围装饰着马赛克与喷泉。这些活灵活现的动物不仅体现了处于文艺复兴时期的贵族们喜欢收集一些奇异的动植物的风气，这些动物也代表着不同的寓意：单峰驼是埃及法老曾作为礼物赏赐给高贵的洛伦佐的礼物；山羊是摩羯座的真身，暗示着科西莫的星座；公牛象征着之前的统治者亚历山大；野猪寓意着幸运与财富；狮子代表着权利；独角兽象征纯洁和永恒等。这些惟妙惟肖的动物与美第奇家族的权利与财富有着千丝万缕的联系（图5-28）。

无论是东方的造园艺术还是西方的园林艺术，都是怀着诸多梦想的人们建造在"地上的天堂"。园林中的雕塑如同无声的旁白，聆听它们的故事越多，对这座园林的理解也越深刻，也就越明白当时的人们对于生活的追求与渴望。

图5-28 卡斯特罗石窟内的动物群雕

5.5 水体形式

在中国传统思想理论中，"水本无形，因器成之；管理无形，限之于规则"。在园林中对于水处理的实质在于水容器的设计，包括水池的形状、河流、水源等构造和形成水景的条件。托斯卡纳园林中的水是整个园林的灵魂，水的存在使整个园林充满了活力与生机，在水的处理上，主要表现为水池、喷泉、水风琴、水剧场等形式。

5.5.1 几何水池

在住宅和园林中建造水池的传统可以追溯到古埃及和古罗马时期，从至今现存的建筑遗址中可以看出，水池在当时是建筑或园林的重要部分。托斯卡纳园林中的水池为保持与园林整体风格的平衡协调，一般为简单的几何形，到文艺复兴时期，在矩形、圆形、椭圆形、六角形等基础几何型的基础上，开始逐渐发展演变，水池的规模和数量都达到了新的高度。

从托斯卡纳各个时期园林中的水池布局和造型来看，呈现出一种从简单到复杂再到简单的过程，水池往往在园林的中心或主体建筑的周围，水池的大小也因地形和园林的面积而异，经常以对称的方式出现（表5-2）。在水池中养鱼或是种植各类植物，既丰富了空间布局，又达到调节温度的作用，成为水体静态美的设施，有些还配合设计有喷泉和雕塑，为庭园增添了绚丽的色彩。水池周边的环境也跟水池的造型联系的越来越紧密。在伊塔提庄园中，园林的水池成为最基本的造型，依靠树木和绿篱组成的外轮廓不断向外扩散，最终形成层层环绕的艺术效果（图5-29）。

5.5.2 喷泉

文艺复兴时期托斯卡纳园林中的喷泉继承古罗马的喷泉技术和水利知识，文艺复兴时期科学

托斯卡纳园林中各个时期的水池形态

表5-2

序号	园林名称	水池风光	水池图案
1	波波利花园 （1550年）		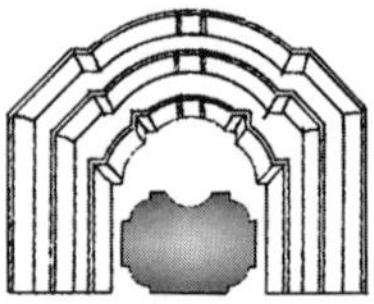
2	曼西庄园 （1625年）		
3	托里吉安尼庄园 （1636年）		

序号	园林名称	水池风光	水池图案
4	伽佐尼花园 （18世纪）	 	
5	冈贝拉伊亚庄园 （18世纪）		
6	伊塔提庄园 （1911年）		

与技术获得更大的发展，在园林中利用水压原理设计出许多的喷泉。喷泉逐渐成为托斯卡纳园林的象征，而园林中喷泉的外观与形式也往往别出心裁、多种多样，除了常见的位于水池中的喷泉之外，还可以归纳为雕塑喷泉、壁泉、惊愕喷泉三大类。这些跳动的水花为游人带来了愉悦与欢乐，也为整个园林带来了无限的生机与活力。

1. 雕塑喷泉

"虽然在中世纪喷泉兼有实用和装饰两种功能，但在文艺复兴时期喷泉就只为装饰目的而建造了。而且为了加强装饰效果，在喷泉中放置雕像，施以雕刻造成所谓的雕塑喷泉。"[①]

这类喷泉通常与雕塑组合装饰，形式较为统一。在形式不一的水池中央，以一根中轴柱或石基作为支撑，向上串联起多个逐渐缩小的大理石水盘，在柱头或顶端的水盘中央设计有青铜或大理石雕像。中央雕塑题材往往是传说中的神、动物或者现实中的英雄形象，而水盆的周围则根据雕塑的主题进行相应的装饰来烘托气氛。

卡斯特罗庄园中的大力神雕塑喷泉是早期的代表。位于花园中央的喷泉的底部是一块八边形的水池，向上是两个大小递减的大理石圆盆。大圆盆的底座四周有7个天真烂漫的丘比特，他们坐在一个巨大的狮子的爪子上，以此支撑大圆盆，在其边缘有4个正在嬉水的小天使。小圆盆由4个手中各持天鹅的小天使托起，4只公羊的头对称地分布在盆沿上，最上端又有4个小天使蹲坐在小盆中央。水柱从公羊、天鹅的口中喷射出来，落在水盆中，溅起的水花闪烁着珠光，落入白色的砂石地面中（图5-30）。

2. 壁泉

在园林中的墙面上或者壁龛内的雕塑中往往也会设计有喷泉涌出，形成"壁泉"。这种类型的喷泉一般位于墙壁或是靠近墙壁的雕塑上，水源被设计在墙壁内部，从外观上看，形式简单的一般只是通过一些图案对喷泉口进行装饰，复杂的则是在壁龛内雕塑的口、眼或手持的动物、物品中设置喷泉口（图5-31）。在雷阿莱庄园中，水的元素不断被利用，不同的空间其喷泉形式也各不相同。在西班牙花园的端头，一整面壁式喷泉以普通的红砖和鹅卵石相间铺贴，整体简洁和谐，成为小花园中的端景和高潮的部分（图5-32）。在水池端头的壁龛处，丽达与天鹅的雕像成为整个视觉的中心，丽达脚下有3条象征海洋之王的海豚，泉水从海豚口中滔滔不绝地涌出，使整个雕塑充满了动感与活力（图5-33）。

① 针之谷钟吉. 西方造园变迁史——从伊甸园到天然公园[M]. 邹洪灿，译. 北京：中国建筑工业出版社，2013：136.
② 陈志华. 外国造园艺术[M]. 郑州：河南科学技术出版社，2013：55.

图5-29　依照水池外形层层延伸的轮廓

图5-30　卡斯特罗庄园水池形式

图5-31　雷阿莱庄园中的壁泉

3. 惊愕喷泉

惊愕喷泉又被称为秘密喷泉，是托斯卡纳园林中独具特色的一种喷泉类型。"这些机关水嬉起源很早。公元一世纪，亚历山大里亚的希洛（Hero of Alexandria）就写过一本书，叫《气动装置》（《Pneumatica》），里面写到一些机巧。比如庙里有一个容器，把敬献礼神的钱丢进去就会浮动；在庙前的祭坛上点了火，庙门就会自动打开。"[②]当巴洛克艺术风格开始影响到园林之后，为了达到令人大吃一惊、动人心魄的目的而在园

图5-32　雷阿莱庄园中墙壁上的喷泉

林之中设计惊愕喷泉。这种喷泉的喷孔被巧妙地隐藏在墙面或地面的石块缝隙之中，在人们的必经线路上设计踩压式的机关，当人们触动到机关时，四面八方迅速喷涌出的泉水会将游人的衣衫淋湿，充满了戏剧与欢乐。

图5-33　丽达与天鹅雕塑喷泉

图5-34　充满戏剧性的秘密喷泉

图5-35　波波利花园中的水阶梯

图5-36　水阶梯前端的兽头

　　尽管惊愕喷泉被后人批评为庸俗和做作，但却在当时的园林中盛行。遗憾的是，虽然在托里吉安尼庄园、埃斯特等庄园都有惊愕喷泉的记录，但却未能在实地考察时亲身感受，只能从当年的一张版画中感受这样戏剧的一幕（图5-34）。

　　3种不同类型的喷泉在托斯卡纳园林不同的空间中展现着各自的风采，如同画龙点睛一般为整座庄园增添了动感和无穷的生命力。

5.5.3　水阶梯

　　"这是一种让水呈阶梯状落下欣赏其动态美的设施。"①这种阶梯式的水链往往被设计在台层与台层相连的斜面上，利用地形上的高低落差，形成快速湍急的水流效果。

　　在波波利花园东部花园的一角，也有一道华丽的水阶梯深藏在道路的尽头。整个长度约100m，从高处分段延伸下来（图5-35）。水流从高处的水塔层叠跌落，沿着台面的水槽，经神态各异的兽头雕像嘴巴流出，将泉水输送到园林的远处（图5-36）。当水阶梯与道路相交的时候，输水管便埋置于地下，巧妙地避开了路口形成的隔断，达到了形式上的连贯与统一（图5-37）。

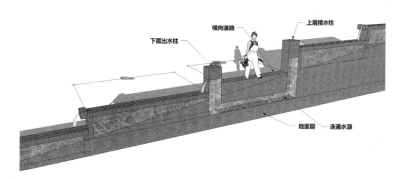

图5-37　水阶梯剖面图

　　在伽佐尼花园中也有一段水阶梯。水阶梯的整体被分为3个部分，两旁是通向上级台层的道路，中央是流水的阶梯。阶梯又被划分成3部分，左右两端的阶梯较密，中央阶梯略宽，使水流形成不同的下落节奏。水阶梯的两端分别是两组形象生动的雕塑，下方是一组水鸟，上方的一组女神像还卧有狮子。真正令人惊讶的地方是水阶梯的中央部分，仅仅从正常人的身高来观察是看不出什么异样的，只有借助航拍俯视镜头才会发现，在阶梯的中央竟然隐藏着一个诡异人脸的形象，眼睛、鼻子、嘴巴和牙齿清晰可见。难以想象在巴洛克艺术的园林中通过大量对称、追求戏剧性、透视所营造的幻觉可以给人带来一种无可比拟的震撼和惊艳，也许在这些园林之中还隐藏着许多的秘密等待着去发现和解读（图5-38、图5-39）。

① 针之谷钟吉. 西方造园变迁史——从伊甸园到天然公园[M]. 邹洪灿，译. 北京：中国建筑工业出版社，2013：136.

图5-38　伽佐尼花园中的水阶梯

图5-39　藏在水阶梯中的人脸形象

5.5.4 水风琴

水风琴是利用流水产生的动力推动机关从而形成管风琴声音效果的一种复杂装置。管风琴是意大利地区一种古老的键盘乐器，最早出现在公元前200年。这种琴的演奏通常需要两个人合作进行，一人演奏，一人鼓风。演奏者通过手指或脚踏对键盘施压，使空气进入多组不同长度和管径的金属或木制音管内，演奏出声音。管风琴的声音宏大，音色饱满，非常适合在庄严的气氛中演奏神圣的宗教类乐曲，因而很早就成为教堂中演绎圣乐的重要乐器。管风琴体积庞大，最大的高达十几米，有3万多根声管，7层键盘，造价也非常昂贵，往往在建造时依附在建筑的结构上（图5-40）。

文艺复兴时期，许多园林中开始出现利用水力传动的管风琴。利用水车做成水力风箱，形成固定的送风系统。当水压将空气吹入笛管，根据长短、粗细产生了不同的变化。依照这个办法设计成可以产生压力变化的风箱来演奏令人震撼的音乐，成为当时的权贵展示其雄厚实力和地位尊贵的重要手段。

此外，还有一种原理相似，但是规模较小的水机关也比较流行。通过不同的气孔将水流变得湍急，使水流在运动的过程中经过特殊的音孔，形成悦耳的鸟鸣声，而音孔的外形设计成为鸟的形状，增添了无穷的乐趣。英国作家伊芙琳（John Evelyn）关于阿尔多布兰迪尼别墅的记载中也有这样的描述："一个工人的岩洞，立面有奇形怪状的岩石、水风琴和各式各样的鸟，在水力作用下运动和鸣叫。"说明当时的园林在利用水景模仿动物发声方面也十分普及[1]（图5-41）。

①彭雪. 意大利文艺复兴时期园林水景的声音美［J］. 园林，2014，12：16.

图5-40 教堂中的管风琴

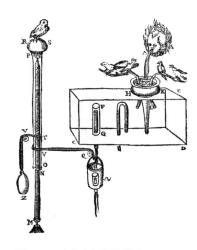

图5-41 小鸟喷泉的原理图

如今托斯卡纳地区园林中的水风琴大多已经不能正常运转，而位于罗马地区埃斯特庄园（Villa D'Este）内的水风琴依然功能完善，保存良好。每天下午18：00时，这座古老的风琴都会准时自动打开，演奏气势磅礴的乐章，使游人们在领略华丽园林的同时欣赏到一场恢宏的听觉盛宴（图5-42）。

图5-42　埃斯特庄园中的水风琴

图5-43　波波利花园中的露天剧场

5.6　庭园剧场

从古罗马时期起，露天剧场就被引入园林之中，成为户外的厅堂。文艺复兴时期庭园剧场开始被广泛应用，成为园林中的一部分。剧场的规模和大小也随着园林不断发生改变，早期的园林庭园剧场的面积较大，草坪作为舞台，四周以逐级抬升的座位和被修剪整齐的绿篱围合。当时的庭园主要是以表演为主，园主人一般都是权高位贵之人，为了炫耀与展示会大量邀请贵宾前来参观，间或进行各类杂耍和戏剧表演，呈现出热闹非常的景象（图5-43）。

佛罗伦萨权利的掌控者美第奇家族在执政期间经常会在波波利花园中的剧场安排大规模的表演，有幸目睹的客人在事后对表演赞不绝口："庭院覆盖着帆布，座位被安排在一楼的阳台，当两个水闸被打开，庭院里面浸满了深度达到2m的水。戏剧性的一幕让大多数客人们因为不知道发生了什么事而惊吓恐慌。这时，标志着土耳其和基督教的军舰突然从四面八方驶入庭院。土耳其军舰保护着一座高耸在花园尽头的城堡，6艘基督教船攻打着土耳其舰队，空气中弥漫着可怕的鼓吹，受伤的土耳其士兵发出阵阵悲鸣，水如同沸腾般翻滚。最终，剧目以基督舰队焚烧了土耳其军舰，征服城堡，并在其墙上升起他们的旗帜作为结局。表演结束，庭院中的水被排泄之后，潮湿的庭院用锯木屑作为天然的干燥剂，为下一次盛大的演出做准备[①]（图5-44）。

波波利花园中的表演成为执政者一种政治外交的手段，向市民和邻邦宣扬自己的统治繁华稳固。它们从古罗马娱乐中获取灵感，在表演中有象征征服与战争的马术。根据历史记载，1637年7月15日，为了庆祝费迪南德（Ferdinand）和乌比诺公主（Urbino）的婚礼，在波波利花园中的露天广场举行了一场华丽的演出。剧场的四周被火把映照得如同白昼，骑手们身着华丽的传统服饰

图5-44　皮蒂宫后面花园中的海战表演

图5-45　皮蒂宫后面花园中的马术表演

骑在头上装饰着鲜亮羽毛的战马上环绕着剧场中央的巨人奔驰，主人公阿米达（Armida）在由4头大象架起的平台上出场，并与邪恶的巨人战斗，取得最终的胜利（图5-45）。

　　到文艺复兴后期，由于场地的限制和戏剧表演的成熟，盛大的故事表演逐渐沉寂，取而代之的是中小型的歌剧或戏剧类的节目表演，庭园剧场的面积也开始逐渐缩小，成为造型精致的小型舞台。在雷阿莱庄园中，绿色的剧场就是卢卡公爵埃莉萨为在此举办音乐会而设计的。高大

①Helena Attlee.Italian Gardens: A Cultural History [M]. London: Frances Lincoln, 1988: 138-139.

的紫杉树将整个舞台环绕，形成一个深24m并略有倾斜的舞台，舞台的高度约80cm，两侧都是间隔修剪的绿篱，演员可以通过两侧的通道直达舞台，形成一个天然的绿色剧场。在舞台的后方至今还留存着意大利戏剧表演中3个各具特色的陶俑人物。当埃莉莎成为这里的主人后，这里便成为庄园中最热闹的场所，各种形式的戏剧表演和音乐会连续不断。著名的小提琴家尼科罗·帕格尼尼（Niccolo Paganini）也经常受邀到此演出，以满足贵族们在自然的剧场中聆听美妙的音乐的欲望（图5-46）。

　　剧场的面积从最初的上百人的开阔场地演变为只能容纳30人的小型剧场，最终成为聚会和交际的舞台（图5-47）。从贵族的庭园剧场转变为大众生活的戏剧舞台，变得更人性化、更能亲近自然。难能可贵的是，这些剧场并不是如昙花一现般消失殆尽，而是依旧保持着活力，至今还会在园林中上演一幕幕简单幽默的小型戏剧，在一片欢声笑语中拉近着人与自然之间的距离（图5-48）。

图5-46　绿色剧场

图5-47　露天剧场宴会的盛况

图5-48　在园林中的小型戏剧表演

5.7　神秘洞窟

在古希腊神话中，大地之母盖亚（Gaia）
是最早出现的神，她是世界的开始，又是众神之
母。古希腊人相信是盖亚给予了一切生物希望与
福祉，所以生命才能够世代繁衍、生生不息。对
于盖亚的崇拜使古希腊人认为山洞或是天然的石
质洞穴具有进入冥界的功能，是神秘的圣灵之
地，令人感到畏惧和恐怖。

古罗马人继承和发扬了这样的传统，在文艺
复兴的人文主义思想的影响下，意大利人将洞窟
含义中令人恐惧的部分逐渐淡化，将洞窟转变成
一种装饰景致布置在花园之中。他们利用古典的
雕塑、庙宇、贝壳、喷泉、马赛克、珊瑚、水晶
等来装饰洞窟，戴安娜、纳爱斯和其他的神话人
物也开始出现于其中，并将阳光或泉水引入，以
此降低洞窟的恐怖意义，使整个环境更具欢乐和
趣味性。

在波波利花园东面有一个著名的洞窟，由贝
尔纳多（Bernardo Buontalenti）于1582年设计，
被后人称为"布翁塔伦蒂洞窟"。整洁的大理石地
面中央是一个小型的圆盘喷泉，墙壁上还可以清
晰地看到壁画中的老虎、山羊、猿猴等动物，洞
窟内希腊神话的浮雕嵌在钟乳石与泉华石中，塑
像姿态各异，形象生动。四周由碳酸钙混合成的
泥浆做出蛮荒洞窟的肌理效果。墙壁的两边是由
米开朗琪罗创作的雕塑《囚奴石像》，正中央是丢
卡利翁（Deucalione）和皮拉（Pirra）的人物雕
像（图5-49）。

詹波隆那的《维纳斯沐浴》等许多著名雕
塑作品被放置在洞窟的内部，墙壁上还绘有反映
平民生活的彩色壁画。在全盛时期，洞窟内的大
理石雕塑与火山岩、贝壳和石英石制成的墙壁会
在小型瀑布和溅起的水花下闪闪发光，令人流连
忘返。

图5-49　布翁塔伦蒂洞窟

在托斯卡纳其他的园林中，洞窟也占据着重
要的地位，而且洞窟的主题也变得扑朔迷离，带
有许多神秘的色彩，这里将托斯卡纳其他园林中
的洞窟和主题雕塑归纳如下（表5-3）。

从列表中可以看出，尽管有些园林相隔近
300年，但是洞窟的主题大多还是围绕着神话人
物。利用穹顶洒下的微弱阳光，清澈的池水和细
细流淌的喷泉营造出一幅立体的油画，展现出神
话人物的特征与性格。

园林内洞窟的主题雕塑　　　　　　　　　　　　　　　　　　　　　　　　　　　　　　表5-3

序号	园林名称	洞窟图片	主题
1	卡斯特罗庄园		各种动物
2	雷阿莱庄园		潘神
3	托里吉安尼庄园		风神
4	曼西庄园		戴安娜女神（已损毁）
5	伽佐尼花园		海神

5.8 植物配置

"无林不成园"，树木花卉是园林的根本造园要素。从古希腊、古罗马时期开始，人们对植物的利用和栽培就非常广泛。园林中存在着种类众多、形态万千的植物，有的可供人观赏，有的可以食用，有的可以入药，不仅具有很高的实用价值，而且穿插于园林中的山石、水体、建筑等景物中，构成了一个完整的整体。

在托斯卡纳的园林中十分强调花园的使用功能，整个意大利人都热衷于户外的活动，除了将花园建造在环境优美，景色怡人的地带之外，花园被视为府邸宅园的室外延伸，是为户外活动而建造的。由于地中海气候夏季酷热难当，所以，托斯卡纳地区的植物往往都带有避暑消热的功能，在炎炎夏日遮挡炽热的阳光，为园林带来遍地浓荫。园内的植物也以不同深浅的绿色作为基础色调，减少色彩鲜艳的花卉，达到视觉上宁静清爽的效果。

"园中常用的树木还有石松、月桂、夹竹桃、冬青、紫杉、青栲、棕榈等。其中石松冠圆如伞，与丝杉形成纵横及体形上的对比，往往做背景使用。其他树种多成片、成丛种植，或形成树畦。月桂、紫杉、黄杨、冬青等是绿篱及绿色雕塑的主要材料。阔叶树常见的有悬铃木、榆树、七叶树等。"[1]植物在园林中也往往具有建筑材料的作用，在一些环境中直接代替了砖石、金属等材料，同样达到了隔墙、栏杆、围墙所具有阻隔、分割空间的功能。在托斯卡纳的园林中植物的组合一般以绿篱、结园、绿廊、模纹花坛、林园的形式出现。

5.8.1 修剪植物

在托斯卡纳园林中，很少出现以自然姿态随意生长的树木花草，几乎都是按照园林整体的构图需要，处理成图案化的方式，这是西方"唯理"美学思想的表现，也是意大利园林中一项最基本的园艺技术（图5-50）。

在托斯卡纳园林中，常见的修剪植物有黄杨、柏树、剑松、红豆杉、迷迭香、冬青等灌木和乔木。园艺工人在设计的时候往往从整体考虑植物的造型，修剪成为各种形状，有的为球形、方形或锥形等几何形状，有的模仿成动物的形状，有的修剪成为拱门、廊道或拱券，甚至苹果树都被修剪成几何形状，成为"绿色的雕塑"（图5-51）。经过修剪的几何状树木往往与园林中的建筑或图案存在形态上的呼应，整齐地布置在花坛的四周和道路的边缘，烘托出主体建筑或雕塑的气氛。有的直接依照雕塑的轮廓进行修剪，经过长时间的生长，雕塑的表面仿佛生长出

① 郦芷若，朱建宁. 西方园林[M]. 郑州：河南科学技术出版社，2001：139.

图5-50　修剪整齐的绿篱图案

图5-51　被修剪成螺旋形的黄杨

一圈天然的轮廓，白色的雕塑与绿色的植物形成颜色的反差，连续的深浅变化形成托斯卡纳园林中独有的韵律感。还有的植物修剪整齐后以排或列的方式进行组合，犹如等待检阅的部队，在建筑与自然环境之间建立起一道沟通的桥梁（图5-52、图5-53、图5-54）。

通过对不同时期园林的资料查阅，可以发现，意大利的园艺师对植物的修剪并不是一成不变的，每隔5~10年就会重新设计，植物造型的改变往往使整个园林焕然一新，如同更换了一件新的服装，同时也会产生新的效果，复杂动感的造型令人感到活泼，简洁朴素的造型令人感到庄严宁静。绿篱和树木在园艺师的设计下保持全年最佳的欣赏效果，和园林中的建筑、雕塑以及周围环境相得益彰，从而将园林的空间延伸扩展（图5-55）。

5.8.2 结园

文艺复兴时期的结园在托斯卡纳园林中有了新的发展，在中世纪凯尔特结的基础上，图案的式样和颜色也有了新的变化。结园开始分为开结和闭结两大类：开结主要是由低矮的植物构成，一般将百里香、迷迭香、黄杨和海索草等植物修剪成线条状的形状拼合图案，通过简单的基础几何形和多边形的变化以表现鸟兽、图案、徽章及其他形状，在图案之间的间隙中种植草坪或铺设粗砂，分割出便于行人通行的道路。闭结相对于开结而言，主要是在花坛中用植物排成的形状之间种上各色的花卉，看上就好像是由各种彩带组成，整个图案是闭合状态，人无法在其中行走（图5-56、图5-57、图5-58）。

图5-52 图案元素相互呼应的草地

图5-53　修剪出座椅区域的绿篱

图5-54　几何造型的苹果树

图5-55　修剪成各种造型的植物组合

图5-56　结园的多种形式　　　　　　　　　　　　　图5-57　闭合式结园

图5-58　开放式结园

欧洲新航路的开辟和对外贸易的发达，使托斯卡纳地区可以引入多种外来植物进行种植，随着天竺葵、缬草、鸢尾、飞燕草等花木的种类不断增多，绿篱成为天然的底色，在绿色的衬托下五彩缤纷的花卉将园林装扮得多姿多彩。

5.8.3　柱廊

由于柱廊的外形类似修道院的回廊，因此，又被称为植物凉廊、游廊。中世纪的园林中只是利用木栅或竹竿进行圆弧状围合，在其中铺种草坪或花卉，藤蔓植物攀缘并覆盖后，整个圆弧相连构成一个静谧的空间，并在道路的端头设置雕像作为道路的端景。

作为园林中经常出现的元素，柱廊本身就具有一定的内部空间和外延空间，既能独立组织空间，又能够与其他要素融合形成复合的空间。柱廊的形状也会根据园林中平面及构图的需要进行高低、长短、方圆等多种形式的变化。在托斯卡纳炎热的夏日，长长的柱廊为游人提供了休息空间，而顶部的藤蔓植物遮挡住阳光，带来了片片绿荫。

随着建筑材料的不断更新，柱廊已经从最初的罗马石柱逐渐更替为由混凝土、砖体砌筑和金属等多种材料组合而成的样式，尽管结构更加坚固稳定，但却逐渐失去了自然的趣味（图5-59、图5-60）。

5.8.4　花坛

花坛大量出现于中世纪初期，是由草药园和蔬菜园的长方形块栽培用地演变而成。花坛有两种形式，第一种是用砖或木栅栏围成高度约为60cm的边缘，在上面铺设草坪后再种植花卉，这是中世纪花坛的基本形式。第二种是在花坛上直接密植花卉，这种方式就是现在花园的原型。

花坛的形式多样，构成的图案也五花八门，总体上可以分为4种类型（图5-61）。从4种类型的图例来看都是简单的几何外形，里面根据对角、中线、黄金分割等位置使用直线或弧线分割整个平面，中央的区域往往布置成喷泉、雕塑或较大株植物，形成图案的中心。四周根据画面的需要将矮小的常青树修剪成图饰，增强了色彩的对比效果，坛底衬以染色的乱石或碎砖，草坪干净整洁，修剪得如同精心整烫过的绒毯。在花卉的选择上，更加强调鲜艳的色彩，有些还配合盆植的柑橘或其他盆栽组合摆放，供人们远远地观赏几何图案之美。

模纹花坛是花坛中最华丽的一种，它以植物形状作为设计图案。一般位于低级的台层，在各种矩形、多边形的园地上，将黄杨等常绿植物修剪成矮篱，中央设计成不同造型的图案组合，还有的拼成园林主人的家族纹章或标志等，形成美丽的模纹图案，方便游人居高临下欣赏图案造型（图5-62）。

在花坛中经常出现的还有盆栽植物，柑橘和柠檬都被栽种在高大的陶盆之中。这种陶盆的尺度也因园而异，有的跟普通花盆大小一般，有的甚至1m多高，陶盆上也装饰着各种形象。这些盆栽往往以梅花形五点的方式进行排列，整齐

地摆放在园地的花坛周边或道路两旁，绿色的枝叶和金黄色的果实都点缀着整个园景，由于这些盆栽植物并不耐寒，所以在园林中往往都会建造温室。

到18世纪，模纹花坛成为皇家和贵族府邸中必不可少的元素，由涡形为构图的中心，将花带、绿篱等元素呈辐射型对称式布局，以色彩艳丽的花卉和绿篱作为背景达到引人注目的效果。

5.8.5　林园

在欣赏托斯卡纳园林的过程中，游人往往注意到的是华丽的水剧场、整齐的模纹花坛、宏伟的主体建筑以及栩栩如生的雕塑，经常会忽略围绕在园林四周的果木林园，而林园也是托斯卡纳园林中非常重要的组成部分。

图5-59　自然形态的柱廊

图5-60　砖石砌体柱廊

图5-61 花坛内常见的图案类型

图5-62 模纹花坛

意大利语Boschetto，原意是指小树林。"它们虽然按规则种植，但树形完全自然，长得高大茂密之后，俨然是一片天生的树林，"[1]位于花园的周围，由林荫道来限定边界，有小路通往树林内部的隐秘空间。林园是隐藏在开阔的轴线空间之后的另一番天地。中轴线上的花园是整体的、统一的、开敞的、一览无余的，而位于浓密树林中的林园是风格多样的、主题各异的，是私密的

图5-63　园林周边自然形态的林园

和内向的空间，是休息娱乐的场所，它们是国王和贵族们真正接近大自然的场所。

　　在托斯卡纳的林园中，橄榄树是当之无愧的主角。大量的橄榄树按照地势的起伏种植在园林的周边，形成了建筑、绿篱、林园三者从人工到自然形态的逐渐过渡。林园的面积往往比主体园林面积大很多，这样的手法形成了一个隐蔽的过渡空间。从进入林园起，游人就可以从周边树木的疏密程度上感受到一个静谧、自然的空间氛围。在林园中还时常会有古朴的圆形喷泉和休息的石凳，喷泉和石凳的四周早已爬满了青苔，无声的泉眼、飘洒的落叶和惊动的飞鸟构成了具有东方韵味的环境。

　　林园丰富了整个园林的空间，它与轴线空间形成了明与暗、动与静的对比。不同主题的小空间隐藏在树林中，保持了整体的统一和协调，又有局部的丰富多彩（图5-63）。

①陈志华. 外国造园艺术［M］.
郑州：河南科学技术出版社，
2013：54.

6

托斯卡纳园林与中国江南园林艺术比较

6.1   明清时期的江南园林

中国古典园林是指世界园林发展的第二阶段上的中国园林体系。它由中国的农耕经济、集权政治、封建文化培育成长，比起同一阶段上的其他园林体系，历史最久、持续时间最长、分布范围最广，这是一个博大精深而又源远流长的风景式园林体系。如果按照园林的隶属关系来加以分类，中国古典园林也可以归纳为若干个类型。其中的主要类型有3个：皇家园林、私家园林、寺观园林。[1]"吾国凡有富宦大贾文人之地，殆皆私家园林之所荟萃，而其多半精华，实聚于江南一隅。"[2]

"江南"，长江之南，大致相当于今天安徽南部、江苏南部、浙江、江西等地。江南地区在地形上的特征是北部地势平坦多平原，南部地势略高多丘陵，除了降水丰富，还拥有着长江、钱塘江两大水系，临近三大淡水湖。整个地区河道纵横、水网密布、气候温和湿润，适宜草木生长，自古以来就是我国著名的鱼米之乡。明清时期，江南地区经济之发达冠于全国。农业亩产量、手工业、商业都十分繁荣，朝廷赋税收入中的2/3来自江南。经济的发达促进了文化水平的不断提高，人才辈出。清朝时期共进行的全国科考有112科，共取状元112名，其中江苏49人、浙江20人、安徽9人、仅3省的状元人数就占总人数的69%。这也从侧面反映出当时江南的文风之盛。

江南地区众多的文人墨客和造园匠人对江南地区的造园活动起到了积极的推动作用。明末造园家计成所著的《园冶》是将园林的创作实践提高为理论的专著，将园林所要达到的意境以"虽由人作，宛自天开"进行形容，并绘制有造墙、铺地、门窗等图案插图235幅，成为研究古代园林的重要著作。文震亨在《长物志》中对园林提出了自己的见解，将园林分为室庐、花木、水石、禽鱼4卷，解释了在造园实践中类似于家具、陈设的技术性问题。李渔在《闲情偶寄》中提到"幽斋垒石，原非得已；不能致身岩下与木石居，故以一卷山代山，一勺代水，所谓无聊之极思也"。他鼓励人们如若不能置身于自然之中，便可以园林模拟自然，以自然来反映自己的心境。此外还有陈继儒的《岩栖幽事》《太平清话》，屠隆的《山斋清闲供笺》《考槃余事》等著作，都从不同的侧面反映了当时活跃的造园理论与思想。

在园林中的园艺植物方面，明代王象晋的《群芳谱》列举了当时的植物花卉，介绍其名称、习性、种植，并以诗文题咏。清代汪灏的《广群芳谱》在前人基础上进一步增补，结合工匠们的劳动经验编著成一部观赏花木类的巨著。在园林用石赏石方面，林有麟"性嗜山水，故寄性

①周维权. 中国古典园林史[M]. 北京：清华大学出版社，2003：18-19.
②童寯. 江南园林志[M]. 北京：中国建筑工业出版社，2014：11.
③周维权. 中国古典园林史[M]. 北京：清华大学出版社，2003：392.
④陈志华. 外国园林艺术[M]. 郑州：河南科学技术出版社，2013：6.
⑤符·塔达基维奇. 西方美学概念史[M]. 褚朔维，译. 北京：学苑出版社，1990：396-400.
⑥沙利文. 庭园与气候[M]. 沈浮，王志姗，等译. 北京：中国建筑工业出版社，2005：194.

于石，虽逊米癫之下拜，然目所到即图之"，在他的著作《素园石谱》中共收录石品103种，并绘图题文，反映了当时文人对石品鉴赏的高雅品位和对于园林中奇石的珍爱。文人们大都热爱园林，在园中读书、会友、作画、吟诗、抚琴、论道等大量的生活场景使文人与园林密不可分，以园林为主体的诗词歌赋、绘画也慢慢成为创作的主题，大大促进了文人园林的发展。

江南地区经济文化的发达也刺激了大量造园工匠人员，松江地区的张南垣父子便是当时匠人中的佼佼者，他将意境的深远与叠山的技术融为一体，自成一格，名满江南公卿。他们父子对造园的工程技术进行钻研，提高自身的文化素养并擅长于诗文绘事，甚至开始代替文人成为全面主持园林规划建造的造园家，其技艺精湛者开始受到社会的重视和推崇。

"历经数代发展延续，明清时期的江南私家园林成为中国古典园林后期发展史上的一个高峰，代表着中国风景式园林艺术的最高水平。北京地区以及其他地区的园林，甚至皇家园林，都在不同程度上受到它的影响。"③

6.2 哲学思想

"这样的园林，与中国明清两朝江南一带的私家园林相比，风格的差异实在是太大了。"④中国江南园林与意大利托斯卡纳园林分别属于东西方园林体系中的代表类别，由于文化背景、思想观念的不同造成了风格上的迥异。西方园林注重形式美，处处体现人工美，给人以秩序井然和清晰明确的印象。东方园林体现的是自然美与模仿自然，追求的是精神上的意境，讲究含蓄、深沉、虚实共生。"西方形式美"与"中国意境美"的哲学思想与美学认识奠定了各自园林的形式，反映在美学差异上，主要有以下3个特征。

6.2.1 人与自然

"艺术模仿自然（Art Imitates Nature）"是西方美学史上的一个重要概念。"模仿（Imitation）"一词可能起源于原始仪式中祭司的表演活动。发展到德谟克利特（Democritus，公元前460—公元前370），模仿具有了一种哲学上的含义：人的一切行动都源于对自然的模仿，织网是模仿蜘蛛，造房是摹仿燕子，唱歌是模仿天鹅和夜莺，同样，艺术也是模仿自然。"西方古代的自然（Nature）一词蕴含有两层含义：自然物和本性。"⑤自然物表示自然事物的综合，包含了动物、植物和人；而本性则指自然物产生的原则，是构成真实世界的形式。古希腊艺术中存在大量的人体雕塑、绘画以及模仿人行为的戏剧，这无疑表达了第一要义的自然性，尤其是针对人，而哲学家们对于"自然本性"的思考则使得西方艺术被对称、秩序、比例为特征的形式所引导。

在西方古代园林的设计中，同样遵循着"艺术模仿自然"的规律。"西方最早的规则式园林出现于古埃及。古埃及大部分地区干燥炎热，环境恶劣。尼罗河流域周边富饶的农田景色成为古埃及人心中的'天堂'。这种对于灌溉农业景观的摹仿可能就是最早的西方园林"⑥。古埃及人对农业景色的模仿产生了西方园林的雏形，在不断发展的过程中，以蔬菜园、果树园、家庭花园等实用性为主的田地，通过几何式的平面划分、规整的植物种植、矩形的水池、笔直的道路等元素逐渐构成了园林。从布局上表现为严谨、规整，花草树木都被修剪得方圆规矩，呈现出一种强烈的几何图案，园林中的一切都被严格地控制在几何形的约束之中，处处强调着人工的力量。从这些方面可以看出西方园林主要是立足于人工来改变园林所处的自然状态，用对大自然的征服来表现以人为中心和"人定胜天"的思想。

"道法自然""天人合一"是中国传统美学思想中对待自然的基本精神。"仁者乐山、智者乐水""一花一世界、一叶一菩提""天地有大美而不言",中国传统思想儒、释、道三家中,关于人与自然的态度都有着不尽相同的理解,但对于崇尚自然的哲学思想深深影响了人们的世界观、艺术观和美学观。园林的具体表现以"师法自然"为基本准则,强调通过艺术处理的方式来模拟自然。历代文人、哲学家、造园家把对于自然的审美心理反映到园林艺术之中,追求精神上的解脱、升华、陶醉和寄托,以亲近和谐的态度对待自然。在布局上既没有轴线对称,又没有任何规则可循,凭借精巧的构思对自然山水进行浓缩,通过山环水抱,曲折蜿蜒的路径将花草树木依次展开,连建筑物也需顺应自然而参差错落,与周围环境融合,以达到一种"天人合一"的艺术境界,创造别有趣味的园林空间。

6.2.2　审美观念

西方艺术家认为自然之美并不是完美的比例,有一定的缺陷。如果要克服缺陷,需要凭借人工力量去提升自然美,从而达到完美比例,这就是形式之美。在古希腊时期,哲学家毕达哥拉斯就从数学的角度来探求和谐,并提出了"黄金率"。罗马时期的维特鲁威在《建筑十书》中也提到了比例、均衡等问题,提出"比例是美的外貌,是组合细部时适度的关系"。到了文艺复兴时期达·芬奇,米开朗琪罗等人通过人体来论证形式美的法则,对韵律、均衡、对称、和谐等形式美法则作抽象的概括。

中国园林所追求的是变化中有统一和藏而不露,使人们置身于其中却有无穷的想象,许多幽深曲折的景观往往出乎意料,有一定的偶然性,这也是中国人所认同的审美理念。中国园林的发展深受古代文人士大夫遵循的儒家和道家思想的影响,反映着东方人的伦理道德观念。例如,儒家思想认为石峰代表着坚贞、正直,于是堆山叠石成为园林中组景的重要手段;道家崇尚自然,追求出世、无为,这种讲求自然无为的思想作为儒家入世的思想互补,促进并推动了园林的发展,奠定了中国园林中的审美观念。

6.2.3　形式意境

在西方观念中认为"美就是和谐,和谐有它的内部结构,即为对称、均衡、秩序,可以用几何代数关系来确定",体现在园林中则表现为布局严谨、轴线对称、布局均衡、几何构图、主次分明、各部分关系明确。建筑物一般体形庞大,是整座园林的视觉中心,矗立在园林景观中最突出的中轴线上。从园林的建筑物开始,而后从主轴中交叉延伸

① 高友德, 阮浩耕. 立体诗画——中国园林艺术鉴赏 [M]. 南宁: 广西人民出版社, 1990: 80.
② 计成. 园冶 [M]. 北京: 中国建筑工业出版社, 2015: 51.
③ 陈志华. 外国造园艺术 [M]. 郑州: 河南科学技术出版社, 2013: 3.

出副轴，形成四通八达的道路网络，其中按次序设计林荫大道、模纹花坛、几何水池、主题雕塑等元素。在重要道路的交汇区域放大形成节点广场，喷泉、水池分布于广场四周，构成严谨的几何规律，空间序列段落分明。

遵循形式美的法则显示出一种规律性和必然性，而规律性的结构都会给人以清晰的秩序感。另外西方人擅长逻辑思维，对事物习惯于用分析的方法以揭示其本质，这种社会意识形态大大影响了人们的审美习惯和观念。

由此可以看出，西方园林中工整的轴线对称，强烈的韵律节奏以及几何图案的景物布置都源于对形式之美的追求。

"有凝固的诗，立体的画"之称的中国园林，它的美并不在孤立的山水或一座建筑物上，而是追求"景外之景"。[①]自魏晋南北朝以来，中国园林的营造就深受绘画、诗词歌赋等文学作品的影响，十分注重"情"和"景"的表达，文人、画师的介入使中国园林一开始就带有浓厚的感情色彩。"夜雨芭蕉，似杂鲛人之泣泪；晓风杨柳，若翻蛮女之纤腰。移竹当窗，分梨为院；溶溶月色，瑟瑟风声。静扰一榻琴书，动涵半轮秋水，清气觉来几席，凡尘顿远襟怀；窗牖无拘，随宜合用；栏杆信画，因境而成。"[②]运用姿态万千的植物、高低错落的建筑、形式各异的池沼、匠心独运的叠石等景色来触发人的情思，营造诗情画意的氛围。清代学者王国维认为："境非独景物也，喜怒哀乐亦人心中之一境界，故能写真景物、真感情者谓之有境界"。文人们总是将自己的思想与情感寄托于园林中，与园中山水、树木、花草、风月相结合，达到文人个人情怀与园林景致完美的融合。

为了将美景与意境融合，中国文人往往在园林之中，大量采用楹联、诗词、题咏，起到画龙点睛、情景交融的效果。在拙政园中有一座扇亭，名曰"与谁同坐轩"，源自于苏轼《点绛唇》：

"闲倚胡床，庚公楼外峰千朵，与谁同坐？明月清风我。"表达了园主选择隐逸的生活，只有清风、明月为伴。以诗词作为景致主题，成为园林中画龙点睛之笔，诗景相应，营造出一种纯真、质朴、自然的情怀与超凡脱俗的人生境界。

6.3　江南园林与托斯卡纳园林造园实例分析

"在全世界，园林就是造在地上的天堂，是一处最理想的生活场所的模型。"[③]世界各国园林艺术中，无论形式与内涵如何变化，但对于园林的向往和美好生活的追求是类似的。无论是中国传统的江南园林，还是意大利托斯卡纳园林，虽然形式和内容都各具特色，但在园林建造的顺序上是由选址、布局、设计层次构成的前期设计阶段，以及山石（雕塑）、水体、建筑、植物构成的后期施工阶段组成。

本节选取托斯卡纳园林中伽佐尼花园与江南园林中留园进行分析解剖，从两座分别代表着各自园林文化的经典案例入手，探寻两座园林之间的文化内涵与造园手法的异同之处，以达到见微知著，共同发展的目的。

留园位于苏州阊门外，占地面积共计35亩，以园内建筑布置精巧、厅堂宏敞华丽、庭院富有变化、奇石众多等特点著称。造园家运用各种艺术手法，构成了有节奏、有韵律的园林空间体系，成为中国园林建筑空间艺术处理的范例。留园是我国著名的古典私家园林，与苏州拙政园、北京颐和园、承德避暑山庄并称中国四大名园（图6-1）。

伽佐尼花园位于卢卡附近佩西亚（Pescia）的科洛迪镇（Collodi）的一处丘壑上，占地面积约45亩，整座花园气势宏伟，体量庞大，既具有巴洛克园林风格的特征，同时又融入了法国园林

图6-1 留园怡人景色

的特长，是现今意大利台地式园林中保存最为完整的一座园林，也是欧洲最著名的花园之一（图6-2）。

6.3.1　山林城市与城市山林

在营建园林中，"相地选址"成为园林创作的首要因素。不同的地理环境特点决定了园林不同的"立意"与"特征"，也是对园林建造者智慧与创新能力的一项挑战。

中国园林遵循的是"虽由人作，宛自天开"的创作准则，追求人与自然合一，向自然回归，对于自然的向往和渴望在园林中表现得淋漓尽致。但是从城市园林的选址来看，江南园林多建在城区附近，一般为坐北朝南、临近水源之地，这样的分布原因与中国传统的隐逸文化又有着密切的联系。从清代光绪末年（1896—1906）绘制发行的《苏城全图》中可以清晰地看到留园与苏州内城之间的距离仅为1.2km，而今留园所在的位置早已成为苏州中心市区的一部分（图6-3、图6-4）。园主人利用高高的围墙将自己与嘈杂纷乱的世界相隔，墙内是内心的世外桃源，墙外是世俗的大千世界。在园林中或是与知己好友吟诗作赋，或是悠然垂钓，或是抚琴听雨，偶尔通过借景眺望远处的山峰或耸立的宝塔，在寄情于自己的山水田园之中，退隐静思以求恬静淡雅情趣和超脱世俗的风度，因此，中国园林又被称为"城市山林"。

相反托斯卡纳的园林，从分布的区域和位置上来看，往往处于远离城市的自然山野之中。从伽佐尼花园的地理位置上来看，距离最近的

图6-2　气势宏伟的伽佐尼花园

①曹林娣．中国园林文化[M]．北京：中国建筑工业出版社，2005：260．

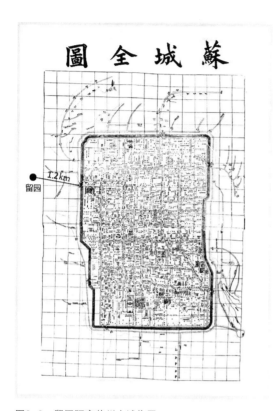

图6-3 留园距离苏州内城位置

图6-4 留园现在周边环境

科洛迪镇大约1km左右，距离较大一点的城市佩西亚大约6km左右，而且都是曲折的山地公路，在园林的后方就是连绵不绝的丘陵与郁郁葱葱的山林（图6-5、图6-6）。尽管现在交通已经十分便捷，但前往伽佐尼花园参观仍然会让人感到路途遥远。由于园林本身就位于郊野山林之中，于

是托斯卡纳人将城市中的生活乐趣都搬入到园林之中，歌剧表演、化装舞会、戏剧演出甚至燃放焰火，园林变成了一个熙熙攘攘、热情洋溢的舞台，成为"山林城市"。

6.3.2 园林的发展与变迁

1. 含蓄

留园始建于明代万历二十一年（1593年），最早为太仆寺少卿徐泰时的私家花园，徐当时购置东西两园，东园即留园，西园舍做寺院，现为戒幢律寺。清代嘉庆年间（1800年）吴县刘恕重建，因园中多植白皮松、梧竹，与水相映波光澄碧，竹色清寒，故更名为"寒碧山庄"。同治十二年（1873年），该园又被常州盛康购得，因前园主姓刘并取意"长留天地间"，便取其音而易其字，改名为留园。

从"东园""寒碧山庄"到"留园"我们可以看到，园林的主人往往出身较高，本身也具备很高的文化素养，正是计成在《园冶》中提到的"殊有识鉴"的"能主之人"。同时，他们还是园林的设计者，主题意境明确之后，再因地制宜地组合构建每个空间的意境，通过设计规划建造符合自己品位的文化环境，最终再以诗文的形式进行概括，完成情景交融的布置。这就是清代陈继儒所谓的"筑圃见文心者"。"一个小园，两三亩地，垒石为山，筑亭其上，引水为池，种花莳竹，新句题蕉叶，浊醪醉菊花，于焉逍遥。"[1]

在园林的命名上，除"东园"是表示方位外，从"寒碧山庄"到"留园"都可以感受到历代主人将中国文学中著名文学家的诗文意境融入其中，达到"境若与诗文相融洽"的高度。正是这样的文化特殊性，在中国的园林中各处都有寓意深远的诗文意境，使游人可以在品读诗文意境的同时欣赏"目中景"，去揣摩体会作者的意愿与情怀，从中获得古典诗文的醇香厚味。

图6-5　伽佐尼花园位置图

图6-6　伽佐尼花园周边环境

2. 直白

与留园园名的更迭和曲折的发展相比，伽佐尼花园的历史则显得简单明了。1650年，园林的主人罗马诺·伽佐尼（Romano Garzoni）委托建筑师迪奥达蒂（Diodati）进行设计，17世纪上半叶设计师完成了该园的雏形，而花园主体直到18世纪下半叶才完工，经过几代人近200多年的不断扩建和完善，成为欧洲颇负盛名的巴洛克式花园。这座华丽的花园从最初到现在，一直保留在伽佐尼家族的手中，维持了花园建造的延续性与风格的统一性。

在花园的命名上，伽佐尼花园的含义非常直白，这个花园是伽佐尼家族建造的，所以就被称为伽佐尼花园。类似这样的园林还有美第奇庄园、奇吉·切提纳莱庄园等。虽然这样的命名方式相比中国传统园林显得过于直接而缺少意境，但以家族名称、地区名称命名却是托斯卡纳园林，甚至意大利园林最为普遍的命名方式。

　　尽管庄园的设计和规划往往也是建筑师设计的，但在他们的眼中，建筑才是真正的主角，园林只是建筑的附属物。所以，在当时的建筑类书籍中，许多学者对于园艺方面的内容谈及较少，只有阿尔伯蒂等建筑师较为全面的讲到园林的内容。

6.3.3　布局规划

1. 自然曲折

　　留园的整体平面布局为矩形结构，内部空间错综复杂，历经多次兴废扩建，总体上可以分为东南庭院、中部曲水、西北山林田园三大区域（图6-7）。

　　东南庭院是园林中建筑的主要区域，由南部入口处的祠堂、住宅等建筑延伸至五峰仙馆，转至东部的石林小院，最后到鸳鸯厅、冠云楼。整个区域建筑庭院重檐迭楼、错落有致，曲院回廊曲折多变，冠云峰屹立其中，傲视群芳，亭台楼阁四面围合，奇峰秀石，嵌岩峰兀，引人入胜。

　　中部区域以山水为主题，曲水环绕，贯以游廊，间列亭台楼榭，涵碧山房空透玲珑，自漏窗

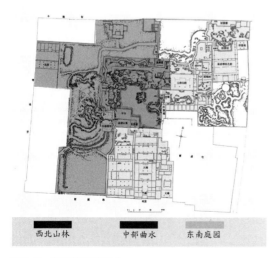

　　北望，隐约可见水池之中的蓬莱仙岛。西面水岸坡地，树木葱郁，登闻木樨香轩，可环视中部水域，东部曲溪楼、清风池馆、汲古得修绠处及远翠阁等参差前后，高下相呼，掩映于古木奇石之间。南面则廊屋花墙，水阁相连，明瑟楼、涵碧山房进退曲折，倒影清晰明丽。

　　西北部环境幽静，黄土堆叠成山，间列黄石，山势高耸，山林中设有舒啸、至乐二亭，前者隐于枫林间，后者据于西北山腰，可以上下眺望。西园、虎丘之景色可以尽收眼下，富有山林野趣。北部区域遍植多种树木，葡萄藤架、梅花丛林，盆景花圃内培育四季花卉展示传统盆景，呈现出江南田园风光（图6-8）。

2. 整齐对称

　　伽佐尼花园的布局根据地形上起伏可以分成四个部分（图6-9）。第一部分即入口部分，平面呈半圆形，由两大圆形水镜喷泉的水池组成，水池中央的喷嘴能喷出十多米高的水柱。两座圆形水池中栽种了各类睡莲，天鹅常嬉戏于水中。水池边簇拥着花丛，构图没有严格对称，以花卉和黄杨组成的植物装饰更注重色彩、形状的对比效果，烘托出轻松欢快的气氛，具有典型法国园林的特征。入口处的地面铺以白色碎石，雕像沿半圆形花园布置，雕像后面有两层绿篱和一条窄窄的走道，形成围合空间。景物层次丰富。花神、月亮神、农牧之神、酒神、谷神、太阳神和月桂女神达芙妮的雕像位列其中，迎接游人，浓绿的树叶把白色的雕像衬托得格外醒目（图6-10、图6-11）。

　　"由下往上的第二部分是平台中央一片青葱翠绿的草坪斜坡。它由3个矩形草坪组成：两侧是横向矩形平面的草坪，中央是竖向矩形草坪，低矮的黄杨木绿篱作为矩形草坪边界的围框，中央草坪中由五颜六色的花草构筑出圆形伽佐尼族徽。第三部分是园林的华彩段，由3层带壁龛的回旋台

　　西北山林　　　　中部曲水　　　　东南庭园

图6-7　留园的区域划分

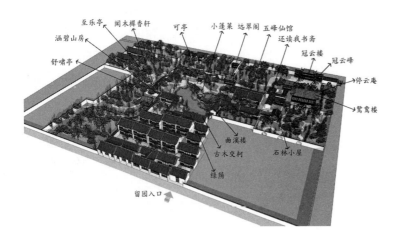

图6-8　留园景观分布图

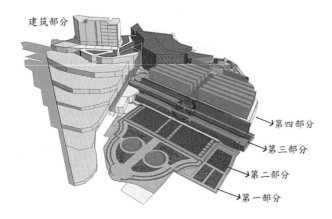

图6-9　伽佐尼花园区域分布

阶组成，场面非常壮观，在花园的整体构图中起着主导作用，有纪念碑式的效果，回旋台阶形成两道平台，它也是花园纵轴与横轴的交汇处。台阶有曲有直，走向也不一样，富于节奏变化（图6-12）。一层阶梯的中央及左右各一座壁龛里，饰有充满寓意的雕像，台阶两侧的挡土墙用绿篱装饰，楼梯上是一个阳台，可眺望花园全景。二层台阶两侧的挡土墙的墙面上，饰以色彩丰富的马赛克组成的图案。最高层的弧线阶梯带有明显的巴洛克色彩。台阶并不是将人们引向别墅建筑，而是沿纵轴布置一长条瀑布跌水，这就是第四部分的中心。伽佐尼花园的第四部分掩映在两旁茂密的树林里，上下节奏性很强的跌水平台和踏步，使人不禁

①田云庆，梁永定，李云鹏. 托斯卡纳园林（一）伽佐尼花园 [J]. 园林，2016，1：62.

图6-10　伽佐尼花园景色

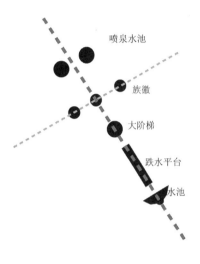

图6-12　花园节点分析

图6-11　伽佐尼庄园版画

图6-13　伽佐尼花园鸟瞰

想起兰特庄园的水链。中央的跌水平台形成水径瀑布，缓缓落下，落水声伴着鸟语花香，充满野趣。跌水平台的设计采用了透视术，上宽下窄，巴洛克的趣味很强烈。在跌水平台上，是一座马蹄形喷泉水盆，周边饰有众多象征性的雕像及石花盆。轴线的端头是一座著名的'法玛'雕像，'法玛'雕像前的两条穿越树林的园路将人们引向伽佐尼官殿，一条经过竹林，另一条沿着迷园布置。穿越竹林的园路末端是跨越山谷的小桥，小

桥两侧的高墙上有马赛克图案和景窗，由此可以俯视迷园，鸟瞰整个庄园（图6-13）。"[①]

6.3.4　空间序列

　　空间序列是一些连续的、独立的空间场所，它们之间以通道相连；在某个时刻点上，人只能感受其中的一个空间，但随着人的行进和时间的推进，人的空间感受发生变化，并随着时间延续下去，从而产生序列的空间感受。

1. 张弛有度

"空间序列是关系到园林整体结构和布局的问题。有人把中国园林比喻为山水画的长卷，意思是指它具有多空间、多视点和连续性变化等特点。然而山水画毕竟是借平面来表现空间的，而园林本身却是实实在在的空间艺术，这就是说它不仅可以从某些点上看具有良好的静观效果——景，从行进的过程中看也能把个别的景连贯成完整的序列，进而获得良好的动观效果，所谓"步移景异"正是这种效果的写照。"①

从留园南部步入大门之后，住宅与祠堂两边高墙夹峙，形成狭长封闭的引道，再由门厅、甬道组成近50m的转折空间，视野也被极度收缩，直到"绿荫"敞轩处后空间与视觉才豁然开朗，更加感觉到中央山水区域的开阔与明朗。在山水区域略作停留之后，视线和空间又一次在曲溪楼和西楼逐渐被收束，在五峰仙馆院内稍微开朗，继而又进入连续的空间转折，最终至冠云楼前达到又一次的视觉和空间的开阔，形成一个休息停留的空间。至此可经园的西北回到中央部分，达到一个游览的循环路线（图6-14）。

前后空间形成大小、曲直、虚实、明暗等不同效果的对比，给人以"放—收—放""明—暗—明""正—折—变"的感官体验。将游人在每个空间区域的开敞与收束变化以及停留的时间以数学模型的方式进行分析，可以更加直观地感受到不同的空间节奏变化（图6-15、图6-16）。

通过对图标的观察和分析，可以从留园的空间序列中发现一些特征：在到达开敞空间之前往往要经过一段收束的闭合空间，营造开合的对比反差氛围；时间与空间的开敞收束成正比，收束空间所停留的时间越久，空间的开敞度也就越高；当空间到达开敞区域时，往往会存在其他的游览支线分流，成为路线的交汇点。

2. 激昂奔放

伽佐尼花园的建筑并没有像其他园林一样位于中央的轴线上，花园与建筑部分是相互分离的。花园的平面上呈梭形，构图规则对称，一条中轴线贯穿整个空间，景点以中轴线为对称轴左右相互对应，各个台层空间衔接松弛有度，过渡自然紧密（图6-17）。

伽佐尼花园就像是一首热情激昂的乐曲，从前奏开始就是令人欢快雀跃，整个园林的空间一目了然。最高处的'法玛'雕像洒下的泉水清晰可见，近处花团锦簇的族徽和华丽的花坛，一下

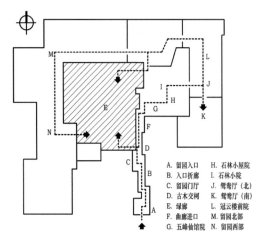

图6-14　留园游览路线

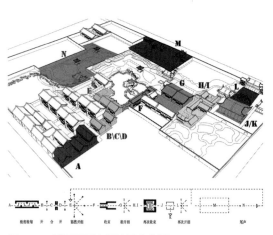

图6-15　留园不同空间的开合分析

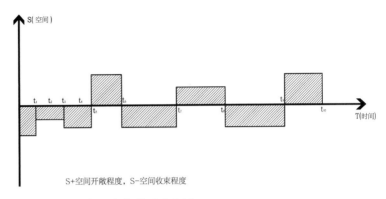

S+空间开敞程度，S-空间收束程度

图6-16 留园空间开合随时间变化分析

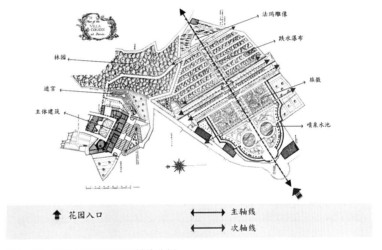

图6-17 伽佐尼花园平面及轴线分析

就把人拉进了乐曲的高潮阶段，到第二部分的族徽坡面时，地势逐渐上升。直到第三阶段的壁龛的回旋台阶，空间才从开敞开始收束，形成开合变化。连续的回旋阶梯和其中的洞窟，使整个空间形成一种紧凑的大小与明暗的变化。当到达回旋阶梯上端之时，左右两边修剪整齐的高大黄杨将开阔的空间一下收紧，连续上升的水阶梯成为眼前的主景，越来越陡的道路引向最高端的雕像。在'法玛'雕像之前有一个变异三角形的水池，空间又在这边变得开阔，两边的小路分别通向花园的其他景区。此时已经位于花园中的最高处，回身俯视花园，更觉得花园整体气势宏伟奔放（图6-18）。

通过对伽佐尼花园空间序列数字模型的观察，可以发现花园的一些特有的规律。花园的空间从起始阶段就一直处于开敞的状态，连续

① 彭一刚. 中国古典园林分析 [M]. 北京：中国建筑工业出版社，2009：66.

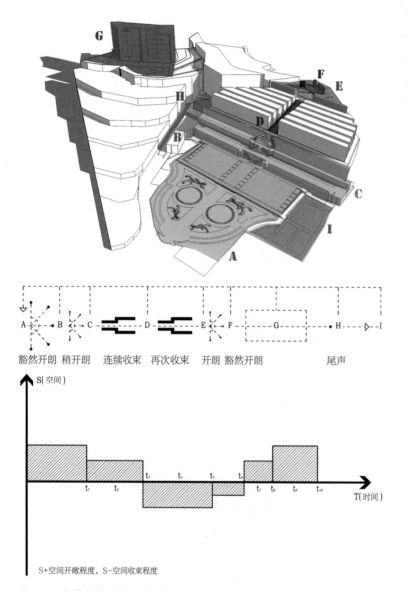

图6-18 伽佐尼花园空间开合分析

的多个空间之后才逐渐地缩小，达到最小的空间之后会有相对应的开阔空间作为呼应；在整个园林中，几乎所有的空间都是相互可连的，不同于留园的某些空间，一个空间之后有固定的空间相联系，在伽佐尼花园游人可以随时根据自己的喜好去选择游览路线，游览的分支自始至终都存在任何区域。从时间与空间的比例关系上可以看到，园林的整体空间节奏变化较为舒缓，在连续开敞空间之后会出现连续的闭合空间。

①（唐）白居易.《太湖石记》。
②曹林娣.中国园林文化[M].
北京：中国建筑工业出版社，
2005：260.

6.3.5　筑山理水

1. 形神兼备

中国园林中，由于假山叠石具有特殊的审美价值和独立的造景作用，是营造古典园林的重要手段，所以一直受到关注，园林中的山石是对自然山石的艺术摹写，它不仅师法自然，而且还凝结着造园家的艺术创造，因而除兼备自然山石的形与神外，还具有抒发情怀的作用，可谓是"片山有致，寸石生情"。从秦汉的上林苑，用太液池所挖土堆成岛，象征东海神山，开创了人为造山的先例；到魏晋南北朝时，采用概括、提炼的手法，将所造山的真实尺度大大缩小，力求体现自然山峦的形态和神韵。在对待体量较山略小的石时，中国古人更是达到了痴狂的地步。孔传《云林石谱序》云"天地至精之器，结而为之石"，爱石、品石、咏石，赋石以人格，以石为友，成为文人雅士的喜好。"待之如宾友，视之如贤哲，重之如宝玉，爱之如儿孙。"[1]宋徽宗时期的书画大家米芾，更是爱石癫狂，留下了"米芾拜石"的典故。自中唐之后，文人雅士在园内展示他们精心收集的奇石成为一种风尚，直至现代。

明代计成在《园冶》的"掇山"一节中，列举了园山、厅山、楼山、阁山、池山、内室山、峭壁山、山石池、峰、峦、岩、洞、涧、曲水、瀑布等多种形式，总结了造山叠石技术。留园中的山石数量繁多，类型多样，分布于园林中的各个角落，每个区域内的山石根据主题的不同也具有不同的特色。西北部区域主要是营造山林田园的氛围，堆土成山，形成地势上的起伏。在山上路径两旁散落布置天然石体，看似随意，却又匠心独运，石随径移，人随石走，高低错落，宛如置身于山野之中，充满野趣。

在中部山水的区域，山水的形象以中国园林传统的"一池三山"演变而来，中央小蓬莱由夯土而建，四周水岸叠石成为水体与建筑边缘的过渡。石岸自然交叠，丰富了水岸的景致。

在东部区域的冠云楼庭园中由"冠云""岫云""朵云"构成著名的"留园三峰"，其中冠云峰据说是北宋"花石纲"的遗物，高达6.5m，重约5吨，是园山之最。外形孤傲特立、磊落清秀，兼具皱、透、漏、瘦的特点，享有"江南园林峰石之冠"的美誉。冠云取自《水经注》"燕王仙台有三峰，甚为崇峻，腾云冠峰、高霞翼岭"。峰顶似雄鹰飞扑，峰底若灵龟昂首，呈"鹰斗龟"之形态，左右有朵云、岫云侍立（图6-19）。

"水是园林的血脉，无水不成园，它不仅具有形态美、虚灵美、音乐美、色彩美、动态美等外在美，更重要的是具有意境美。小小水面，象征的是十里风荷，悠悠烟水，寄托的是回归江湖之情。"[2]留园中的水在整个空间中占据了非常重要的位置，整个园林的空间面积为23100m²，水体面积为3000m²，占据了整个空间中的13%左右，

图6-19　留园冠云峰

成为联系空间的一个重要的元素。

从水的形态上来看，主要分为集中式和分散式两种布局方式。中央区域大规模的水域形成了开阔、宁静的空间，周边环绕建筑与庭园，形成一种向心内聚的格局，水池的形状也自然曲折，又由小蓬莱岛及拱桥划分成大小不一的水池，水源与西北角落的池水相连。水池内有许多供观赏的鱼类，不规则的水岸种植荷花等水生植物，四周的倒影在水面的波纹扩散中形成了一幅意境深远的水墨画面。

分散的水源散落在园中的角落，一般以流动的形式与前后水源保持着藕断丝连的呼应关系，令人无从探寻水的源头，如同溪流穿过深涧之中幽深迂回，潺潺若吟，产生扑朔迷离和无穷无尽的感觉。

留园的山水布置反映出古人在建造园林时所追求的"不出城郭而获山水之怡，身居闹市而有林泉之致"的风雅，无论是身在曲溪楼欣赏蓬莱仙岛，还是静坐冠云楼品位奇石峻险，都可以在内心深处感受到"一峰华山千寻，一勺江湖百里"的意境。

2. 栩栩如生

托斯卡纳园林中虽然没有像中国传统文化中对于"一池三山"模式和太湖奇石的崇拜，但是在园林之中却有着各种栩栩如生、惟妙惟肖的雕塑，成为花园中重要的装饰物和象征物。雕塑的形式和内容都是直接以神话故事中的人物为主，有些还配有装饰的场景。这些雕塑的位置都是经过精心设计，位于入口、路口相交处和尽头处，或是处于高台之上，形成对景的装饰效果（图6-20）。

伽佐尼花园中的水景大多以动态的喷泉、流水的形式进行展示。入口对称的圆形水池中的人工喷泉，其中也养有鱼类，但却并不是以观赏为主要目的；沿着水阶梯自上而下奔泻的流水；从

雕塑手持喇叭中喷涌的泉水；多种形式的流水的节奏变化为整个花园渲染出豪华壮丽的氛围。

6.3.6　植物组合

1.　意匠结合

江南的园林深受"崇尚自然"的传统园林观念影响，园林中的花草树木强调自然天成的生长特征。"园林，从它一开始的草创阶段，便离不开花木的种植，或者换句话说，园林就是以种植花木而起家的。"[①]植物在园林中不仅体现出园林设计者对空间的组织、意境的营造、主题烘托的"匠心"作用，而且不同类型的植物还在悠久的传统文化中具备了独特的审美品质，蕴含了高尚品格的寓"意"。

通过对留园中的植物进行实地调查，可以将植物的种类分为以下几种类型：

乔灌木类：竹、松、梅、海棠、枫、山茶、绣球、石榴、杏、玉兰、含笑、紫荆、栀子、碧桃、紫薇、梧桐等。

花草类：紫藤、二月兰、芍药、芙蓉、书带草、芭蕉、麦冬、牡丹、白芨、茉莉、洛石、连翘、杜鹃等。

盆景类：红梅、绿梅、朱砂红梅等梅桩盆景

图6-20　壁龛内形成对景的雕塑人物

为主，少量的三角枫、榆桩、苏铁、龙舌兰、鹊梅等。

留园中的花木以树、竹、藤、花、草等为主，它们的配置从景观效果出发，注重其色彩变化和空间的层次感，求得与叠山、理水相统一的风格。园中多选择体态潇洒、色香清隽、有象征寓意的树木花卉。花木的花、果、枝、叶干、藤等能多角度地呈现其形状、姿态、疏密、曲直、质感、色、香、静态、动态等的美，从而引起观赏者不同的视觉感受，产生不同的景观效果。它们或在路旁，按高低等变化分层次配置；或用来衬托、掩映山石、池水、房屋、亭廊等，观者稍一变换位置，便能看到不同的植物景观和植物与相应的山池建筑组合的景观，营造出"步移景异"的效果。

除了视觉美，园林中的植物还在四季变化以及听觉、嗅觉等方面，从动态美学理念上来强化景色，表达意境美。留园入口不远处的景点古木交柯就是暗指古柏与女贞，绿荫意指三角枫营造的空间，闻木樨香轩利用桂花的香气突出主体，突出轩室周边的环境与空间的感受。杜甫的诗句"疏影横斜水清浅，暗香浮动月黄昏"，描写出月色里横枝的梅花散发出清幽的香气令人陶醉。"竹径无人风自响""留得残荷听雨声"等是以园林环境中不同声响所传达的静境。这种例子，数不胜数。

感受植物的特点、姿态和色彩而产生比拟和联想，人们常把植物视为有生命有思想的活物，倾注以深沉的感情，用植物的自然属性比喻人的社会属性，表达自己的理想品格和意志，以寓人格的意义。如梅、兰、竹、菊被恭谦成四君子，松柏挺直劲拔且经霜不凋，取意于孔子的赞语："岁寒，然后知松柏之后凋也。"还有莲花象征洁净无瑕，石榴象征多子多孙，紫薇象征高官厚禄等，植物在这里被古人们赋予了人性化的品质，古代知识分子所追求的高尚品德和情操理想非常巧妙地与园中的植物结合起来，这也成为中国江南园林审美中的重要组成部分。

2. 绿色雕刻

在伽佐尼花园中，植物以不同的形状来装饰园林，所有的树木和花卉都是舞台上的角色，通过不同的组合和形状美化舞台。植物的种类主要有以下几类：

乔灌木类：盆栽柑橘、圆柏、剑松、黄杨、月桂、夹竹桃、橡树、悬铃木、竹、苹果树、橄榄树等。

花草类：满天星、薰衣草、叶子花、龙舌兰、葡萄、玫瑰、紫罗兰、百合、雏菊等。

伽佐尼花园中的黄杨和松柏是当之无愧的主角，无论什么场景，这些植物都被修剪得整齐如一，规则有序，各类盆栽柑橘和花草都成为点

① 彭一刚. 中国古典园林分析[M]. 北京：中国建筑工业出版社，1998：27.

缀，有的还被修剪出奇特的造型，植坛方方正正，中央利用花草色彩围合出族徽，形成色彩斑斓的效果，使人可以从不同的角度欣赏人工修剪带来的自然规则之美。

6.3.7　建筑营造

1.　种类多样

"中国园林中多是木结构建筑，因为该结构便于进退曲折、化整为零，很容易与自然式的花园、自然形态的树木、山坡溪流相协调。所以园林建成'自然式'的形式容易和木结构的建筑更为和谐。"[①]中国传统建筑的主要材料是木材，使用的是抬梁式木构架和榫卯结构。在建造时可以根据不同的需求组成一间、三间、五间等若干间房屋，甚至可以构成多层的楼阁与高塔建筑，而墙壁只是起到围合、分割的非承重作用。由于受到木材以及结构本身的限制，建筑的形体及空间较为简单，往往在布局之中将不同功能的房间划分为若干栋单体建筑，每一栋建筑都有特定的功能。园林中常见的建筑有厅、堂、轩、榭、廊、阁、亭、斋、舫等，这些不同的建筑具有各自独特的功能、结构、位置和景观作用。在建筑的装饰上着重表现建筑本身的结构、造型和附加的装饰。

留园中的建筑种类繁多，穿插于园林的各个空间，成为单个空间组合中的主体（图6-21）。从园林的布局上看，留园中的建筑南端主要是祠堂和住宅区域。进入中央区域之后，为了迎合开阔的山水效果，周边的建筑形式开始出现多种变化，有乐亭、闻木桂香轩、曲溪楼、远翠阁、廊道等。而在冠云峰处，冠云楼、停云庵、冠云台、林泉嗜硕之馆

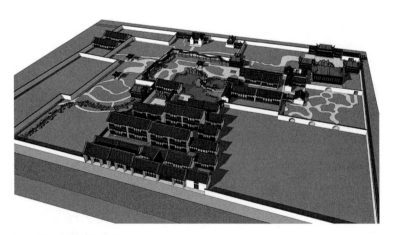

图6-21　留园建筑布局

①冯钟平. 中国园林建筑[M].
北京：清华大学出版社，1998：
27-45.

图6-22 伽佐尼别墅鸟瞰

等环绕周围，形成园林中一个重点的区域。可以看出，园林中往往重要的区域其建筑形式的组合多样，而在居住生活的区域，建筑形式还保持常有的格局。

2. 单体突出

在托斯卡纳园林中，构建建筑的材料都是以厚重的石料为主，整体坚固耐久，历经五六百年的岁月，尽管园林中的布局发生了一些局部的变化，但是建筑主体却依然挺立。石料堆砌的结构限制了建筑的跨度和空间，拱券结构发展之后，建筑的内部空间得到了扩展，在建筑后面一般建有连续的凉廊，也具有厚重的外墙结构。园林中的建筑类型相对较少，只是在功能和外观上有所区分。主体建筑是主人居住，高度4层左右，一般选址在园林的主轴线上，形成一个视觉的中心。附属建筑比如温室、花房、佣人房等形式较为简单，体量也略小，位于园林的边缘角落地区。在建筑的装饰上追求的是外部形体的雕塑

美，各种雕塑形象、壁龛都建造在建筑的立面之上，形成一幅立体油画的效果。

在伽佐尼花园中，别墅建筑也独具一格地建造于花园旁边的高地之上，淡黄色的墙面搭配着白色的花窗，四周的边缘都装饰着立体的人物雕像。在建筑的平台位置俯视整个花园，可以欣赏花园内美丽的图案。现在园林内只有右侧新建的一座蝴蝶馆是一个纯粹的乐园（图6-22）。

6.4 江南园林与托斯卡纳园林的差异性与相似性

6.4.1 差异性

通过江南园林与托斯卡纳园林的实例对比可以看到，两种园林文化在哲学、美学、功能，甚至使用者本身的个性上存在着很大的差异，主要表现在园林的功能布局规划不同、空间序列的开合不同、筑山理水的意境不同、植物组合的形式

不同以及建筑营造的方式不同等几个方面。

6.4.2　相似性

从托斯卡纳园林和江南园林的根源上看，两种园林形式的起源是相似的。托斯卡纳园林的根源来自于最早的圣林、园圃和乐园，而江南园林的根源则是灵囿和园圃。"西方园林与中国园林有着十分相似的起源。如果说中国、欧洲和西亚是世界园林三大发源地的话，那么，'囿'是它们共有的最初形式。"①

在两种园林从古代到近现代的发展中，都经历着从古代实用性园林—观赏性园林—现代多元化园林的发展转变过程。

托斯卡纳园林与中国园林在造园要素的选择上是相似的，都是以花草树木、山水、石材装饰作为选择的对象，只是在具体的表现形式上走向了两个不同的方向。

两种园林风格的建造目的是相似的，不论是江南园林还是托斯卡纳园林，园林都成为一种载体来抒发园主人对自然、对生活、对世界的情感。园林中的特征也能够反映出园主人的人生态度、生活情趣、审美思想，都是将园林看作一个心灵上理想的家园。

6.4.3　小结

通过留园与伽佐尼花园的实例分析可以看出，两种园林虽然存在一些相似性和差异性，但其本质还是对于自身文化追求的一种表现形式。江南园林中对一些植物、建筑、山水等因素增加诗、画、曲等人文因素，进而上升至人生哲学，以追求"天人合一"的园林境界。而在托斯卡纳园林中，对植物、建筑、雕塑等因素的布局控制成为在园林中集中体现的思想，通过对称、均衡和秩序等手段不断强调完整、和谐、均衡，以几何性的组合达到数的和谐。

①周武忠. 理想家园——中西古典园林艺术比较研究［D］. 南京：南京艺术学院，2001：180.

留园与伽佐尼花园对比

表6-1

名称	留园			伽佐尼花园	备注
建造时间与历任主人	明代万历二十一年（1593年）	徐泰时	东园	罗马诺·伽佐尼（Romano Garzoni）1650年	
	清代嘉庆年间（1800年）	刘恕	寒碧山庄		
	同治十二年（1873年）	盛康	留园		
造园者	历任园主人			迪奥达蒂（Diodati）	
窗					漏窗既拓展了空间又延伸了视野，达到借景的目的，留园长廊中漏窗种类多达30多种。伽佐尼花园建筑中窗的样式整齐统一
水					留园中水池以自然形态出现，象征自然山水。伽佐尼园中的水都是人工围合成的水池
路径					留园运用曲廊贯穿，以漏窗、洞门使景色相互渗透，隔而不断。伽佐尼花园运用高大的绿篱进行空间分割，以实现阻隔
匾额					文人将景象提炼升华以书法、诗文的形式表现，增添了园林的艺术感染力

续表

名称	留园	伽佐尼花园	备注
剧场			伽佐尼庄园内的绿色剧场为当时小型的歌舞戏剧表演的场地
壁龛			利用上升的地势建成多级的壁龛，下层作为洞窟或雕塑壁龛，形成华丽的装饰效果
铺地			留园铺地种类繁多，蕴含多种吉祥寓意。伽佐尼花园铺地单一，白色沙粒及鹅卵石铺地，一般无图案
游人			

6.5　两种园林风格对当代景观设计的影响与借鉴

在伽佐尼花园与留园的对比中可以发现，江南园林具有诗情画意、造景风雅的特点，对东方园林的发展具有重要的作用，取得了辉煌的历史成就。但是随着社会的发展，中国传统园林的局限性已经逐渐显现出来。以追求自然山水为主的江南园林与传统建筑体量和形式上表现得十分融洽，但是与现代高层建筑和环境格局却显得有些脱节。在现代城市中，建筑是人类生活的中心，具有绝对的主导地位，山水、植物作为建筑的附属或背景而存在，也是对建筑功能的补充和延续。而在留园中可以看到，建筑是围绕着山水的形式布局，按照"山水为主，建筑是从"的原则而存在。这与现代建筑在设计原则上相矛盾，在现代社会中，自然的山水、植物在设计上必须考虑建筑的形式和功能，将建筑物作为园林设计中的一个重要依据，才能将传统园林融入于现代建筑之中。

在空间的开合上，托斯卡纳园林处于一个开放的大环境中，在开放的环境中形成一个个小型的半开放式的小环境；而在江南园林中，大多数的空间都处于相对封闭的空间中，这样的空间意境只有当园林只有寥寥数人的情况下才能真切地感受到，在熙熙攘攘的游人和拥挤嘈杂的环境中是无心体会的。这样的设计比例和尺度已经无法满足现代社会人对于园林的需求，"小中见大"的空间塞满了游人，无法通过静观和漫游的方式体会空间的巧妙，只能随着导游路线蜻蜓点水环绕浏览。现代园林需要的是面对广大普通群众，空间具有开敞性和大众性，而江南园林的服务人群和内向型使其具有巨大的局限性。

江南园林中常见的太湖石、小品和复杂的建筑结构形式等要素，一方面由于材料难寻，无法达到相应的意境与效果；另一方面许多园林中费工费时的传统工艺已经逐渐变得失传，而使用现代技术手段的复制品或雕刻品却因单调死板变得趣味尽失。

从托斯卡纳园林的功能上看，空间形式的开放性更适于现代社会对于园林的要求，中国园林大多停留在形式上的照抄与模仿，模仿是一个必经的过程，但进行成功的模仿的前提是对模仿对象的全面认识和了解。吸收和学习一个外来的东西，必须首先对它有全面的、清楚的认识才能从中找出那些确实对自己有用的东西，更进一步来说，形式模仿不是最终目的，而是要突破和发展。突破那些不合时宜的传统形式的束缚，同时使得传统精神得以延续，换句话说，就是要进行传统的创新。

　　朱建宁教授曾经提到："现代设计师寻找中国园林发展方向的最佳捷径就是借鉴西方的方法研究中国的问题。虽然这种方式不一定完全正确，但通过中意的对比找出中国园林的优劣势，从而提出有针对性的改革措施，至少是发展方向之一。"在对西方园林的学习借鉴中，我们不能仅停留在形式的模仿上，而是要认识和理解西方园林赖以生存的自然条件和民族文化，只有批判地吸收西方园林的精华，才能更好地发展自己的传统文化。

7

第七章

托斯卡纳园
林的影响

7.1 托斯卡纳园林对拉齐奥地区园林的影响

以佛罗伦萨为中心的文艺复兴对托斯卡纳园林的形成和发展起到了决定性的作用，将托斯卡纳地区的园林逐步地推向了历史的高峰，对意大利拉齐奥地区的园林以及法国古典主义园林产生了深远的影响。

拉齐奥大区的地理位置位于托斯卡纳大区下方，大区内最重要的城市是"永恒之城"罗马（图7-1）。"就在一个世纪之前，罗马还只是一个中世纪的小镇，肮脏的小巷簇拥在让大多数罗马居民完全难以理解的古代废墟之中。冬天的夜晚，狼群从山上下来，在罗马黑暗破旧的房子里嚎叫，而贵族家族和红衣主教们把他们自己关在他们的宫殿里，过得很阔绰。"①

天主教会内部由于推选教皇导致的利益冲突引发了教会内部的分裂。1377年，法国籍教皇格列高利十一世（Gregorius XI，1331—1378年）从法国的东南部城市阿维尼翁（Avignon）迁回罗马后去世，教会在意大利和法国统治者的支持下，先后选举出两位教皇，分别居住于罗马和阿维尼翁。双方各执一词以教皇正统自居，形成了两派对峙的局面。到1409年召开比萨会议，希望以此调和，但最后又选举出了第三位教皇，至此形成三足鼎立的局面，直到1414年重新召开了康斯坦茨会议，确定了新教皇马丁五世（Martinus V，1368—1431）的正统地位，并定居于罗马，才逐渐平息了天主教会3位教皇共存的分裂局面，为罗马成为新的文化中心的复兴创造了稳定的社会局势。

罗马文化复苏的一个重要因素来源于文艺复兴的发源地佛罗伦萨，"由于洛伦佐·德·美第奇死后的13年的时间里，佛罗伦萨的衰落促进了罗马的变化。"②

1492年4月，佛罗伦萨的统治者伟大的洛伦佐·德·美第奇去世，但他已经为两个儿子规划好了未来的方向。年仅21岁的长子皮耶罗·德·美第奇继任了佛罗伦萨掌权者的位置，次子乔凡尼·美第奇在3年前就已经成为教会中年轻的红衣主教。皮埃罗上任之后便不断受到来自政治和经济上的一系列危机（图7-2）。"1480年，美第奇银行被迫关闭了伦敦和布鲁日分行，部分供重大活动使用的钱是洛伦佐从佛罗伦萨国库里挪用的。同样地，佛罗伦萨的羊毛贸易严重衰落，贫困潦倒的工人和小商人成了萨沃纳罗拉布道的听众。美第奇家族和佛罗伦萨都不再负担得起像皮耶罗的父亲曾举办的那样深受市民喜爱的大型公众庆典。"③

季罗拉莫·萨沃纳罗拉（Fra Girolamo Savonarola，1452—

图7-1　拉齐奥大区地理位置

图7-2　皮耶罗·德·美第奇肖像

① （美）保罗·斯特拉森. 美第奇家族：文艺复兴的教父们[M]. 马永波，聂文静，译. 北京：新星出版社，2007：213.
② （美）保罗·斯特拉森. 美第奇家族：文艺复兴的教父们[M]. 马永波，聂文静，译. 北京：新星出版社，2007：213.
③ （美）保罗·斯特拉森. 美第奇家族：文艺复兴的教父们[M]. 马永波，聂文静，译. 北京：新星出版社，2007：191.
④ （美）保罗·斯特拉森. 美第奇家族：文艺复兴的教父们[M]. 马永波，聂文静，译. 北京：新星出版社，2007：182.
⑤ （美）保罗·斯特拉森. 美第奇家族：文艺复兴的教父们[M]. 马永波，聂文静，译. 北京：新星出版社，2007：188.

1498）是当时著名的宗教改革家和多明我会修士，主要宣传反对文艺复兴哲学、艺术、科学等非宗教类的书籍，鼓励毁灭与教义相悖的奢侈品和艺术品。他不断呼吁市民，宣称看到"一个燃烧的十字架悬在佛罗伦萨漆黑的上空"，因成功预言出洛伦佐的死亡、英诺森八世的死亡和倡导摒弃人世间财富追求上主的精神救赎受到普通教徒的广泛支持，继而又提出了第三个预言，"在接下来的一段时间里，大量的外国军队将会入侵意大利，从而引起大动乱，这些军队将会从阿尔卑斯山疾驰而下，蹂躏整个领土，像理发师兼外科和牙科医生那样，用他们的刀砍掉有病的和折断的肢体一样"[④]，并不断暗指当时的统治者美第奇家族和教皇亚历山大六世，引起了市民内部的恐慌。

佛罗伦萨城内势力暗流涌动，家族内部也开始逐渐分裂成几个不同的派系。外部也开始面临着巨大的考验。米兰与那不勒斯之间由于继承人爆发了战争，米兰、佛罗伦萨、那不勒斯三者之间平衡的轴心被打破。米兰采取了极端的做法，求助于法国的国王查理八世，并许诺将协助攻占那不勒斯作为条件。国王查理八世的梦想是依托对那不勒斯的掌控，实现夺回君士坦丁堡和耶路撒冷，控制有着巨额利润的地中海贸易通道的梦想。

1494年，查理八世率领3万军队越过阿尔卑斯山进入了意大利，那不勒斯的统治者阿方索二世率军北上迎敌大败而归。教皇明确表示法军可以自由通行教皇领地，威尼斯宣布独立，只有佛罗伦萨的领土成为到达那不勒斯王国的障碍（图7-3）。皮耶罗错误地判断了形势，孤独地支持着那不勒斯。为了拯救他的城市，孤身去见查理八世，将港口城市比萨和里窝那的控制权送与法国，被佛罗伦萨人视为"叛徒"。"1494年11月9日，天还没亮，皮耶罗携同他的妻子和两个孩子穿过空寂无人的街道，奔向佛罗伦萨的北大门圣

加洛，离开这座城市开始背井离乡。"[⑤]

当皮耶罗为首的美第奇家族离开佛罗伦萨之后，权利核心的瓦解使佛罗伦萨处于行政上的真空。在查理八世的要挟下，佛罗伦萨支付了12万弗林特，又被法军从美第奇宫内掠走价值6000弗林特的战利品。此刻，萨沃纳罗拉成为佛罗伦萨的精神领袖，不断在城内宣扬教会理论，反对人文精神，反对商业活动。佛罗伦萨的领土也被卢卡、热那亚和锡耶纳蚕食，比萨也开始宣布独立，自此佛罗伦萨的经济和文化开始逐渐衰落。

美第奇家族在罗马开始卧薪尝胆，积聚力量，重新崛起返回佛罗伦萨。洛伦佐的次子红衣主教乔凡尼清晰地认识到美第奇银行的衰落，金钱已经不能作为他们的能源，唯有不断扩大家族

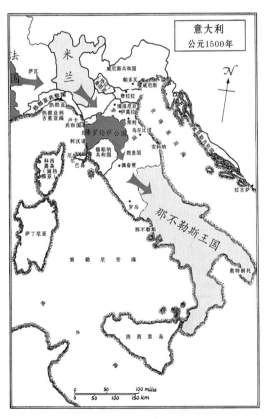

图7-3　查理八世进军那不勒斯路线

的权利。"一个关键性的决定已经做出来：不再作为银行家为宗教权力机构服务，现在，美第奇将设法渗透进宗教权力机构，这样就能够获得更大的权利和财富。"①依靠着教会的势力和民众的呼声，当美第奇家族被驱逐8年后，1512年9月1日，红衣主教乔凡尼·美第奇在他堂兄朱利奥（Giuliano De Medici）的陪同下，重新成为佛罗伦萨的统治者。在罗马，美第奇家族依然保持着在教会的势力，并把美第奇家族对于艺术和造园的传统带到了这座城市之中，罗马美第奇庄园（Villa Medici）就是美第奇家族在罗马的行宫。

美第奇庄园

美第奇庄园依旧保持了托斯卡纳园林的许多特征，将园址选择在城内的平乔山顶（Pincio Hill）上，紧邻着著名的西班牙广场（Piazza di Spagna）和天主圣三一教堂（Trinità dei Monti），背靠着波尔盖希庄园（Villa Borghese），高起的地势使游人可以从花园边缘的平台上，欣赏到整个罗马城绚丽的风光。

1576年，美第奇家族的红衣主教费迪南多·美第奇（Ferdinando de'Medici）购买了庄园，由建筑师乔瓦尼·里皮（Giovanni Lippi）设计建造，进行了一系列的扩建后，用家族的名字命名庄园。最初这里只是用来展示他收藏的古代雕塑和大理石雕刻品的花园，1621年费迪南多成为托斯卡纳大公爵后，他又将这座别墅作为公国的大使官邸，成为美第奇家族在罗马的行宫。

庄园内花园的地势平坦，从整体布局上被划分为左右两个部分，一横三纵的道路形成了左右花园的轴线（图7-4）。别墅凉廊正对的是花园的第一部分。为了满足举办大型聚会或表演的需求，还留有大面积的空

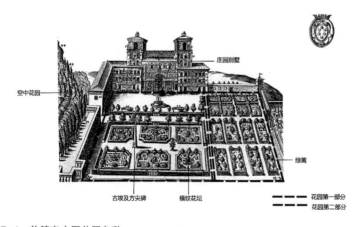

图7-4　美第奇庄园花园鸟瞰

①（美）保罗·斯特拉森. 美第奇家族：文艺复兴的教父们[M]. 马永波，聂文静，译. 北京：新星出版社，2007：188.

地，中央是一座古老的圆形喷泉（图7-5）。喷泉的后方是被绿篱围合的古埃及方尖碑，古朴的方尖碑耸立于圆形的喷泉池台面之上，它是光和生命的象征，四面象形的文字如民族图腾一样吸引着游人的视线，它穿越时空，历经岁月淬炼，终成一个时代的里程碑。在方尖碑的四周是6块长约25m、宽10m的模纹花坛，修剪的整齐如一，两侧有高大的笠松，在笠松与绿篱之间，还排列着大量的古罗马人物雕像（图7-6）。

　　第二部分的花园近似正方形，被划分为16块绿地，边长与模纹花坛相同，以高大的绿篱将区域内部围合。两条主要的道路作为主要轴线在中央十字交叉，绿篱在交叉口围成一个正圆形。每块绿地的面积、形状甚至是绿地内部种植的树木都很相似，加上高高的绿篱与纵横交错的道路常常会使游人如同置身于迷宫之中。在每条道路的两端与中间的位置，都伫立着古罗马人物雕像，人物的躯干用简单的块面来表示，由上至下逐渐变窄立于石础之上，雕像性别不一，发型各异，面容也姿态万千。有的长髯及胸、慈眉善目；有的怒目而视、威武霸气；有的面容淡然、朴实沧桑；尽管已有些风化，但依然个个神采依旧。

　　在花园的边缘区域，还保存着当年费迪南多主教使用过的房间以及收藏的一些雕塑品。此外还有一处被称作"空中花园"的神秘花园，它曾经位于花园的最东端，在带有壁龛的建筑顶上，四周是规则的模纹花坛，中央为圆形的3层花园，从下至上层层递减，犹如一块"绿色的蛋糕"，依地势高高地矗立在一片绿色之中。现在这里已成为一片郁郁葱葱的树林，只能通过一些文学作品的描述和油画作品依稀勾勒出当时奇妙的场景（图7-7）。

　　1803年，拿破仑占用此地，变成了罗马法国学院，并定期举办各类艺术展览和音乐会。意大利作曲家奥托里诺·雷斯庇基（Ottorino

图7-5　美第奇庄园内院

图7-6　修剪整齐的绿篱道路

图7-7　从庄园的别墅上俯瞰内院

Respighi，1879—1936）著名的交响曲《罗马的喷泉》（《Fontane di Roma》）的第四章表达了他在落日的余晖中欣赏美第奇庄园喷泉的感受。在花园的平台上俯视罗马城，不远处的圣彼得大教堂宏伟的穹顶在光线的照射下熠熠生辉，梵蒂

图7-8　从庄园观景台上遥望威尼斯广场

冈的城墙延伸向远方，威尼斯广场埃玛努埃尔二世纪念堂的顶部战马奔腾。教堂的钟声、鸟语和树叶的簌簌声，最后都融化在安谧宁静的花园里（图7-8）。

别墅朴素的外观与豪华内饰的对比体现了意大利手法主义的风格特点，具有戏剧性的效果，更注重建筑师个人的表现，但是园林依然延续了科西莫·美第奇建造卡斯特罗庄园时期采用的对称与和谐的方式，园中的伞松、笔柏等植物经过精心的修整处理，整齐对称地分布在道路两旁的交叉点和尽头，有的是雕像，有的是壁龛，也有的是喷泉，作为林荫路的分节对景，标志出路网的几何体，具有严谨的几何性。简洁、规则有秩序的布局体现出美第奇家族对时局的稳定与政治的野心。"美第奇庄园已成为美第奇家族在罗马对外交流的舞台，对罗马地区的园林产生了深远的影响，也成就了美第奇家族不朽的传奇。"[①]

15世纪末期到16世纪，"整个意大利处于进一步的衰退之中，独有罗马教廷因为从残酷地掠夺美洲殖民地的西班牙得到巨额的贡赋而继续兴旺。"[②]佛罗伦萨的复杂环境与罗马的平稳政治局面形成了鲜明的对比。建筑和园林的建造都集中在教廷首都罗马周边，促使了全国的艺术家、学者和建筑师向罗马教廷集中。受到建筑巴洛克风格的影响，逐渐出现了巴洛克式园林。教皇和大量的贵族集中在罗马城周边地区，受到托斯卡纳园林的影响后，开始在城郊外兴建园林。园林的主题在延续了托斯卡纳园林田园风光和人文情怀的基础上，增加了许多政治权利斗争的隐喻和宗教神话的传说，在园林的营建上延续和发扬了托斯卡纳园林的技艺，并与之后兴起的巴洛克建筑风格相结合，"庭园的巴洛克化比建筑的巴洛克化推迟了近半个世纪，从16世纪末到17世纪才开始进行"[③]，形成独具魅力的巴洛克园林风格，创造了意大利造园史上的又一次辉煌。

意大利台地园中著名的"四大庄园"：法尔尼斯庄园、埃斯特庄园、兰特庄园、阿尔多布兰迪尼庄园毫无例外由红衣主教出资修建，夹杂着宗教信仰和权利争斗的因素，原本淳朴、清新的托斯卡纳园林的元素也逐渐演变，成为巴洛克园林中永恒的经典（图7-9）。

①田云庆，李云鹏．拉齐奥园林（六）美第奇庄园［J］．园林，2017，6：52.
②陈志华．外国建筑史（19世纪末叶以前）［M］．北京：清华大学出版社，2010.
③（日）针之谷钟吉．西方造园变迁史：从伊甸园到天然公园［M］．邹洪灿，译．北京：中国建筑工业出版社，2013：188.

图7-9　意大利台地园著名的四大庄园

7.2   托斯卡纳园林对法国古典园林的影响

　　法国在古罗马时期被称为高卢，是罗马帝国版图中的一个行省。公元5世纪法兰克人征服了高卢，建立了法兰克王国。政权上获得了独立，但是文化和风俗上却保留着一些古罗马的传统，与意大利大多数地区还保持着紧密的联系，维系着文化同源的状态（图7-10）。

　　在意大利文艺复兴之前，法国并没有形成有本国特色的园林风格。当托斯卡纳的园林艺术大放光彩时，法国人惊叹于园林艺术的精巧，派人前往意大利进行学习。"15世纪末，法国的国王和大贵族们还是不断从意大利聘请造园家去工作。"[①]1494年，法国国王查理八世暴露出征服的野心，妄图控制意大利，便发动了"那波利远征"，随即便攻克意大利那不勒斯，并加冕为那不勒斯王国国王。但是之后便遭到教皇亚历山大六世、威尼斯、米兰以及神圣罗马帝国皇帝的联合抵抗，被迫在1495年撤军。这次失败的军事行动却意外地获得"文化外交"的成功。查理八世和他的部队在远征中目睹了意大利灿烂辉煌的艺术成果，在那不勒斯亲身感受到壮丽、绚烂的园林后感触颇深。撤离时他们带回了意大利的书籍、绘画、雕塑、挂毯等文化战利品以及当时著名的造园家梅可戈利亚诺（Pacello de Mercogliano）和22位艺术家。这些意大利艺术家的到来促进了意大利文化在法国的传播。与此同时，年轻的法国建筑师和艺术家们纷纷前往佛罗伦萨亲身感受文艺复兴的艺术氛围，这样意大利文艺复兴的文化艺术和园林渐渐地影响并改变了法国园林，法国开始形成具有本国特色的古典主义样式。

图7-10　古罗马帝国时期的法国

①陈志华. 外国造园艺术[M].郑州：河南科学技术出版社，2013：46.
②（日）针之谷钟吉. 西方造园变迁史：从伊甸园到天然公园[M]. 邹洪灿，译. 北京：中国建筑工业出版社，2013：144.

7.2.1　造园理论的发展

从15世纪开始，托斯卡纳地区的建筑逐渐从中世纪的封闭式变为开敞式。相同时期的法国建筑外观依旧是带有雉堞与壕沟的城堡风格。受托斯卡纳地区建筑风格的影响，法国建筑也开始拆除厚重的围墙，依照文艺复兴建筑的风格进行改建。

在意大利园林理论体系的基础上，大量的法国园林理论家开始探讨本国园林的发展与创新，形成了思想上百花齐放的局面。法国当时著名的陶艺家、造园家帕利西·伯纳德（1510—1590）认为法国的园林艺术尚未成形，他在1563年出版的《真正的接纳》（《Recepte Veritable》）从个人的观点和介绍的角度阐述了关于造园的理论和实践。"他就庭园的位置指出可以选择水源丰富的丘陵地带造园。为了保护种在庭园西北山腰上的不耐寒植物，他还提出了在向阳地带建造一些洞窟的方案。他认为露台上必须安装栏杆，并在其上放置陶盆，盆中种植蔷薇、紫花地丁等芳香性花卉。"[②]书中大量介绍了关于意大利园林的造园方式。

造园家奥利维埃·德·赛尔出版的《农业的舞台》（《Le Theatre d'Agriculture》）将庭园分为菜园、花园、草本园、果园4种，对法国将托斯卡纳园林转变为本土特色的古典园林产生了重要的影响。1600年赛亥出版了《园景论》，虽然依旧围绕着中世纪实用性园林的观点进行研究，但是却在书中强调了"人们不必到意大利或者别的什么地方去看漂亮的花园，因为我们法国的花园已经比别的国家的都好"。他对于法国园林的自信被后人认作是法国造园艺术走上独立的标志。赛亥还主张将整座园林作为一个整体图案进行构图，当时宫殿府邸的起居室大都位于二层，主要考虑从二层的高度进行眺望和欣赏的组合。

关于园林的理论著作中，最为重要的是布阿依索（Jacques Boyceau de la Barauderie）的《论依据自然和艺术的原则造园》和安德烈·莫莱（Andre Mollet）的《游乐性花园》。布阿依索强调在花园中必须保持样式的丰富和形式的变化，并提出了以下几点重要理论：

（1）如果不加以调理和安排均齐，那么，人们所能找到的最完美的东西都是有缺陷的。

（2）结合意大利园林的特征提出从高处鉴赏整个花园布局。

（3）提倡使用直线和直角的形式进行设计。

（4）重视比例在构图中的作用，并以数量来确定比例。

（5）水可以为花园带来活力和生气，主张水陆交叉融合。

安德烈·莫莱除了关注比例和结构，还考虑到林荫道的透视效果和透视原理，提出了影响深远的"递减原则"，离王宫越远的部分，重要性越低，装饰就要越少。

此外，同时期关于园林的著作还有丢赛索的《法国最美丽的城堡》等，这些造园家和理论家们在托斯卡纳园林的影响下在理论和实践中探索新的园林方向。

7.2.2　造园要素的演变

法国的造园理论根据本国地理环境不断推陈出新，并从意大利请来各种园林技师，满足造园过程中技术上的支持。佛罗伦萨著名的水利工程师弗朗西尼家族（Francinis）中的几代人先后为法国宫廷园林的建设服务近200多年。法国园林从托斯卡纳园林中学习到的造园要素也在实践中不断发生变化，逐渐形成了自己独特的风格。

7.2.3　造园风潮的兴起

查理八世从意大利撤军之后，命令梅可戈利亚诺负责修建昂布瓦兹（Amboise）宫殿花园。这项工程从路易十二持续到弗兰西斯一世（Francois I，1494—1547），梅可戈利亚诺按照意大利的风格扩大了庭园，建造了柑橘园、绿廊以及露台式

托斯卡纳园林与法国古典主义园林造园要素对比　　　　　　　　　　表7-1

名称/建造时间	托斯卡纳园林		法国古典主义园林	
	卡斯特罗庄园（1537年建造）		维贡特府（1650年建造）	
平面布局	图例	说明	图例	说明
		"三段式"布局，中心轴对称，建筑位于园林的南端。主次分明，尺度适宜。建筑—花园—林园的布局结构		"三段式"布局，建筑位于园林中心区域，轴线对称，主从分明，建筑与园林联系紧密，规模庞大。建筑—花园—林园的布局结构
中轴线剖面		地形高差大，建立不同的台层，具有韵律感和节奏感		地形起伏平缓，以广阔的绿篱草坪为主
水景		利用地形高差设计成喷泉和水池，气氛活泼、欢快		"一"字形或"十"字形大运河、瀑布、水渠、喷泉为主，宏伟壮丽
植物		以几何形来表现严谨、秩序的理性主义美学思想，色彩淡雅		以绿篱和花草像刺绣一样在大地上描绘各种图案，色彩艳丽

庭园，获得了国王的赞许。弗兰西斯聘用了维格诺拉、罗索、普利马蒂乔、塞尔利奥等多位意大利艺术家为法国宫廷服务，还将王室行宫枫丹白露（Fontainebleau）变成一个远近闻名的艺术中心，而且将文艺复兴时期的艺术巨匠达·芬奇请到王室的另一行宫昂布瓦兹常住。

16世纪，法国的建筑师们不断前往意大利进行学习交流，使法国的建筑和园林开始褪去中世纪的外衣，形成具有法国式的文艺复兴样式。"府邸不再是平面不规则的封闭堡垒，而是采用新的形制：主楼、两厢和倒座围着方形内院，主次分明，严格对称，有明显的中轴线，使用柱式。主要的大厅在府邸主楼的二层正中。风格逐渐趋向庄重。"[1]从弗兰西斯一世到整个路易十三时期，建造的城堡及园林如表7-2所示，法国的造园艺术在不断的学习与实践中成熟起来。

法国弗兰西斯一世至路易十三时期造园表 表7-2

年代		城堡及园林名称	设计者	备注
弗兰西斯一世	约1500	昂布瓦兹（Chateau Royal d'Amboise）	梅可戈利亚诺与迪·科尔托那	已改造
	1524	谢农苏城堡（Chateau de Chenonceau）	梅可戈利亚诺	
	1526	香波堡（Chateau de Chambord）	迪·科尔托那	
	1528	枫丹白露	塞尔利奥或普利马蒂乔	已改造
	1536	维朗德里城堡（Chateau de Villandry）		
亨利二世和三世	1550	阿内（Chateau Aney）	罗尔姆	已改造
	1565	维尔内	布罗斯或丢赛索	已损坏
	1572	沙尔列瓦里	丢赛索	
亨利四世		推雷瑞埃斯	帕里西与克洛德·莫勒	已改造
		圣杰曼恩雷	弗郎西斯	已改造
	1615	卢森堡宫（Palais Du Luxembourg）	布罗斯	已改造
路易十三	1624	凡尔赛猎苑	勃阿索与布罗斯	
	1627	鲁儿	鲁·马歇	
	1629	黎塞留宫	鲁·马歇	

维朗德里城堡建造于1536年，是法国国王弗兰西斯一世在位时建造的最后一座城堡花园。这座城堡花园典雅精致，整个花园依据地势的高差分为上、中、下3个台层，与周围的环境融为一体（图7-11）。与卡斯特罗庄园的布局相同，3级台层之间逐级升高。最高层级有一个宽

①陈志华.外国园林艺术[M].郑州：河南科学技术出版社，2013：85.

图7-11　维朗德里城堡鸟瞰图

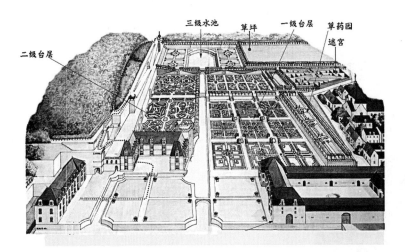

图7-12　维朗德里城堡花园布局

大的水池，为下面两层提供了充足的水源。第二层是各种不同主题的装饰性花园和娱乐性迷宫，美丽的鲜花点缀于整齐的黄杨树篱之间，令人赏心悦目。最底部的台层由9块大小相同的正方形蔬菜园和长方形草药园组成。3格台层之间都以四分园的十字形构图为基础，地面铺设灰白的细砂。3层之间相互呼应使整座花园仿佛是一幅五彩缤纷的棋盘（图7-12）。这座庄园与卢瓦河谷的其他城堡相比算不上华丽与宏伟，但却充满着祥和宁静的氛围。花园在形式与结构上复制了托斯卡纳园林的特征，这一现象也从侧面反映出当时的法国园林还处于园林的探索时期。

　　在众多前往意大利学习的建筑师不断地探索和实践下，逐渐将法国的园林从果园、菜地等种植园提升到观赏和娱乐的高度。"意大利造园属于露台式造园，与此相反，法国式造园则可称为平面图案式。尽管两者都采用规则的形状，但特征却截然不同，即前者有立体的堆积感；后者则有平面的铺展感。"[①]法国的地形环境与托斯卡纳地区截然不同，广阔平坦的平原无法创造出由上至下多级的台层形式，却更适宜创造出空间体量巨大的园林，这一时期法国园林最具代表性的就是卢森堡宫殿花园。

1. 卢森堡宫

　　卢森堡宫建造于1615年，这座宫殿和花园的风格是按照亨利四世的王后玛丽·德·美第奇（Marie de Medici）在佛罗伦萨的住宅皮蒂宫建造的，当亨利四世去世之后，用以慰藉这位远嫁他乡的王后的思乡之情。从卢森堡宫与皮蒂宫的对比来看，除了建筑顶部的造型略有变化外，基本保持了皮蒂宫的特征（图7-13）。卢森堡宫建筑由中央的主体建筑和两旁的翼楼组成，3座楼连接在一起，围合出一个半开阔的庭园，平面上呈左右对称式布局。中央的正门是带有露台式的两层立柱，整个建筑显得华丽而和谐（图7-14）。

从最初的建筑和花园的图纸上来看，卢森堡宫基本在平坦的地面上还原了波波利花园的基本平面布局方式，从建筑轴线延伸出的南北轴线与东西轴线相交，一些花园的造型和位置也基本维持了波波利花园的图案，如伊索罗托小岛的位置。建筑后方的广场上设计有一个大型的露天剧场，同样保持着马蹄状的造型，最大的不同是将原来中央的埃及方尖碑换成了一个大型的圆池。在园林中还设计有与波波利花园中类似的岩洞。

由于法国地势平坦，无法做出拥有层次变化的台层，所以整个花园显得单调缺少变化（图7-15）。

这座具有重要交流意义的园林对当时的法国园林起到了非常重要的推动作用，贵族王室不断依照托斯卡纳园林的式样进行改建，形成了一股前往佛罗伦萨学习造园技巧的风潮。

到17世纪上半叶，路易十四（Louis XIV，1638—1715）完成了全国范围的绝对君权的专制统治，并在1634年设立法兰西学士院。学士院中的学者们不断在语言、诗歌、戏剧等方面制定各种规范，提倡严谨、科学、精确和逻辑性。"在建筑中，他们崇尚规范化的柱式，把它的讲究节制、脉络严谨、几何结构简洁分明，看作是理性

图7-13 卢森堡宫与皮蒂宫外观对比

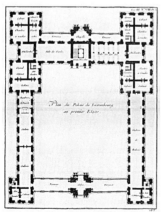
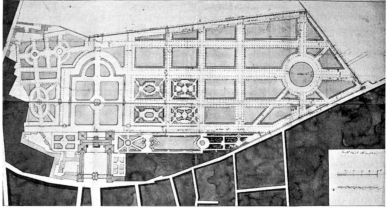

图7-14 卢森堡宫建筑结构图与花园的平面布置图

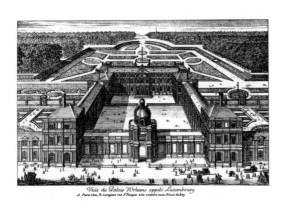
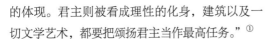

图7-15　卢森堡宫鸟瞰图

图7-16　维贡特府花园的盛会

的体现。君主则被看成理性的化身，建筑以及一切文学艺术，都要把颂扬君主当作最高任务。"①

　　路易十四的这种绝对君权的思想，反映在建筑与园林之中，古典主义成为最佳的选择。勒·诺特就是在这样的时代背景下总结前人理论，运用古典主义的精神，创造出了"伟大风格"的古典主义园林，在这种风格形成中，沃克斯·勒·维贡特府（Vaux le Vicomte）和凡尔赛宫（Palace Versailles）成为法国古典园林中最具代表性的作品。

2. 沃克斯·勒·维贡特府

　　沃克斯·勒·维贡特府是勒·诺特在早期设计的重要作品之一。这座宏大的府邸位于巴黎城东南约51km处，由路易十四的财政大臣尼古拉·福凯（Nicolas Fouquet，1615—1680）于1650年出资建造，府邸的建筑师是勒·沃克斯（Louis le Vaux，1612—1670），勒·诺特负责整个庄园内花园的规划设计。

　　园林总占地面积达70多公顷，非常宏大豪华，为了园林的建造，甚至迁移了3座村庄，并将昂盖耶河（L'Anqueil）进行改道（图7-16）。历时5年建成之后，金碧辉煌的府邸和广袤绚丽的园林引起了路易十四的愤怒和嫉妒，引致杀身之祸，园林也逐渐荒芜。直到19世纪，大部分的

图7-17　维贡特府花园鸟瞰

园林才得以恢复，整个府邸花园的格局重新再现（图7-17）。

　　府邸和园林都采用了古典主义的风格样式，几何性构图严格对称，布局严谨有序。府邸位于花园的北面，还保存了中世纪时期特有的一些手法，在建筑的周围环绕着深水的壕沟。长达1km

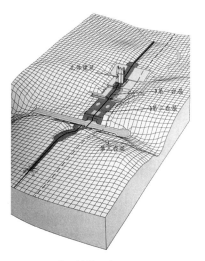
图7-18　府邸地势示意图

图7-19　第一台层鸟瞰

的中央轴线从府邸中央穿过，形成左右两边花园的对称轴。中轴线与若干条横轴线相交，根据北高南低的地势，园林平面以建筑向南开始形成明显的三段式台地花园式布局（图7-18）。

第一台层的中央是一对色彩艳丽的模纹花坛，修剪成各种精致图案的黄杨绿篱搭配着红色的碎石，在一些角落的区域有序地点缀着紫杉和瓶饰。两侧各有一组不同形式的小型花园，东侧的地势较低，形成高差不大的台层效果。在模纹花坛的端头，以相互呼应的方式和下一台层围绕着横轴线上的圆形水池（图7-19）。

在第二个台层主要是以平整的草地和静谧的水池为主，中线的两边各有一个椭圆形的镜池，四周是被修剪成各种造型的植物。这组水池的造型不免令人想到卢卡的托里吉安尼庄园中的水池，造型几乎如出一辙，而且勒·诺特也曾帮助桑蒂尼侯爵绘制托里吉安尼庄园的设计草图，说明在当时卢卡地区的园林和法国园林之间已经开始进行密切交流了（图7-20）。由于地势的原因，这段道路的尽头是一块低洼的谷地，勒·诺特依据台地的特征，将这里设计成为一个巨大的水池，其中大量设计了喷泉、跌水和各类雕塑，形成壮观的水景剧场。在南端是长1000m、宽40m的运河，宽大的水面可以使人们乘坐游船玩赏。运河将平面一分为二，中轴处不仅没有架桥，而且水面向南面扩展，形成了内凹形的水面。

在运河的南岸是第三个台层，这里是一个向上的山坡，坡脚下依据地势建有7开间的洞窟，其中装饰着河神雕塑与喷泉。在山坡的最上方是大力神赫拉克勒斯的雕像，成为整个轴线的尽头，在此地回望，整座

①陈志华. 外国造园艺术［M］. 郑州：河南科学技术出版社，2013：89.

图7-20　维贡特府（左）与托里吉安尼庄园（右）相同的镜池造型

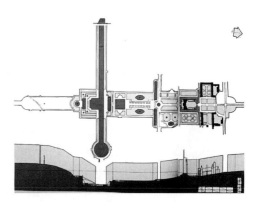

图7-21　从大力神雕塑处回望庄园 　　　　 图7-22　府邸花园平面、立面分析图

庄园的风景可以尽收眼底，与远处的建筑形成视觉上的呼应（图7-21）。

　　整个府邸园林的3个台层各具特色，又彼此呼应。第一台层临近建筑，以观赏性的模纹花坛为主，使主人在住宅之中就可以欣赏到由丰富色彩组成的精致图案，强调人工修饰对于园林的主导；第二台层以各种形状的水景为主，大面积静止的水面倒映着远处的景色，装饰丰富的水剧场和大运河增加了园林的趣味；第三台层以自然情趣的草木为主，距离建筑最近，人工修饰的成分也相对较弱，提供了园林到自然景观之间完美的过渡层次（图7-22）。

　　"沃克斯·勒·维贡特府花园是勒·诺特第一个成熟的作品，也是古典主义园林的第一个代表作。这个花园是一次设计、一次建成的，所以，尽管变化很多却完整统一。从府邸前的平台上望

过去，层次丰富、格律严谨，比例和尺度都推敲得很精到，风格华贵而又有节制。"①

3. 凡尔赛宫

　　凡尔赛宫位于巴黎西南18km处，这里原本是路易十三为了打猎而修建的一座小型行宫，路易十四时也经常到此打猎。受到沃克斯·勒·维贡特府的刺激，将财政大臣尼古拉·福凯送入监狱之后，便把建筑师勒·沃克斯和造园家勒·诺特等艺术家召集到凡尔赛，要求在此建立一座更为宏大壮观的宫殿和园林。

　　凡尔赛宫相对于维贡特府体量更加庞大，面积达到了史无前例的6000多公顷，仅围墙的长度就有43km，整座宫殿和花园历时26年才基本完成。"17世纪下半叶许多法国杰出的建筑师、雕刻家、园艺家、画家和水利工程师等都先后在这里

工作过，献出他们的最高成就，所以凡尔赛宫和它的花园又是17世纪法
国文化精英的纪念碑。这里面，始终主持造园艺术的勒·诺特的工作尤
为重要。"[2]凡尔赛宫成为法国古典式园林最高成就的象征，展示了路易
十四统治下法国的强盛与绝对的君权，宫殿和花园成为欧洲各国君主争
相效仿的对象，也使勒·诺特赢得皇家首席造园家的美称，成为当时欧
洲最著名的造园家（图7-23）。

　　凡尔赛宫的整个布局以主体宫殿建筑为基准，由建筑的中轴线向东
西两向分别展开，形成一条贯穿整个庄园的中轴线。东西向的布局方式
还象征着太阳的东升西落，歌颂伟大的太阳王"路易十四"。

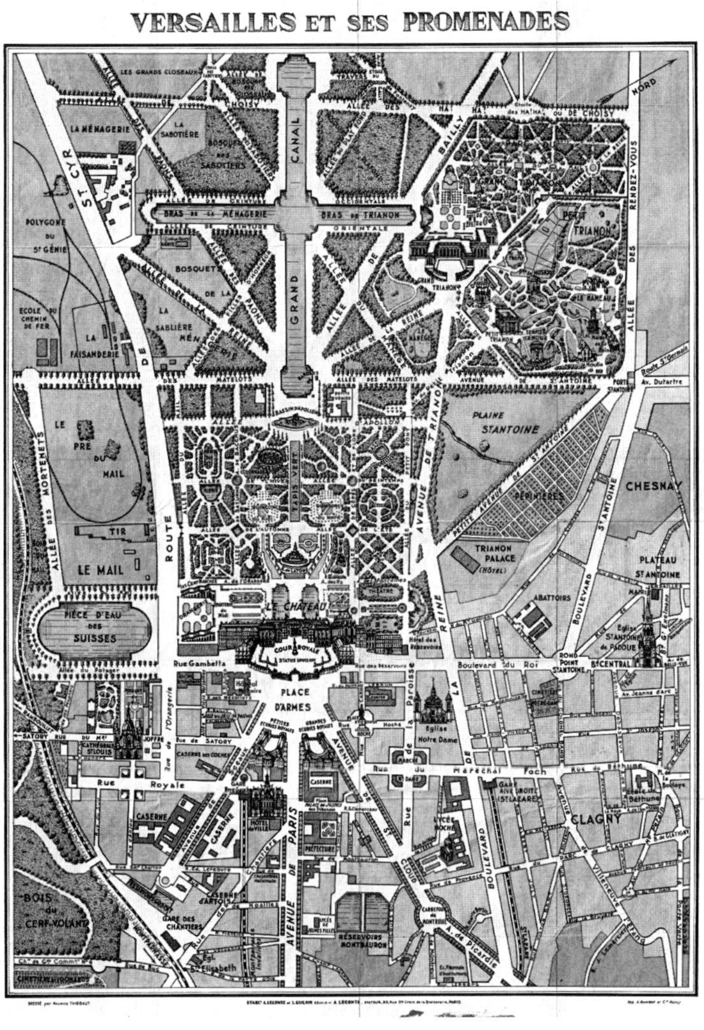

①陈志华.外国造园艺术[M].
郑州：河南科学技术出版社，
2013：3.
②陈志华.外国造园艺术[M].
郑州：河南科学技术出版社，
2013：3.

图7-23　凡尔赛宫总平面图

宫殿的地势较高，正门位于东面，正前方的广场放射出三叉式林荫大道，笔直的穿过城市之中，形成恢宏的林荫大道。园林的部分从宫殿的西边轴线逐次展开，从近处的人工花园到远端的大运河，绵延近3km，震撼人心。在宫殿前端是一组造型与托里吉安尼庄园类似的镜池，左右两端分别布置着不同分割方式的小型花园（图7-24）。

在镜池的前方，地势开始逐渐下降形成一个巨大的斜面。勒·诺特将这里设计成马蹄形的坡道，道路两旁是图案精致的模纹花坛，中央是著名的拉·东娜雕塑，她是太阳神阿波罗的母亲。路易十四认为自己是太阳神的化身，在中轴线上不断强调着歌颂太阳王的主题（图7-25）。在这段道路的两侧是各种类型的小型花园，大水法、阿波罗浴场、水风琴、花池、迷宫等主题性鲜明的

图7-24　凡尔赛宫鸟瞰

图7-25　凡尔赛地形示意图

花园成为一处处欢乐的场所。"它的每个方块几乎是一个独立的小园子。在每一片被密林包围的不大的空地里，或是一座轻快的小建筑物，或是一池明亮的水，或是热闹的喷泉，或是妙趣横生的回文迷阵（图7-26）。人们可以在这里静坐默想，可以在这里款款闲聊，也可以在这里演出歌舞和举行宴会。它们是园林里更自在的小天地，环境清幽，气氛亲切。"[1]

中轴线林荫道的尽头是一个巨大的椭圆形水池，中央是太阳神阿波罗驾驶战车冲出水面的镀金雕塑。阿波罗的身后就是长1650m、宽62m、横臂长1013m的广阔水池。夕阳下，余晖洒落在金黄色的阿波罗和他的战车上，在两旁高大整齐的绿篱映衬下，大运河映照着从日升到日落巡天而回的太阳神。19世纪的浪漫主义诗人雨果被这幅灿烂的落日景色感动，写下了一首赞美的诗篇："见一双太阳，相亲又相爱；像两位君王，前后走过来"（图7-27）。

整座庄园还有两条横向的轴线，一条位于宫殿西面，从北边的半圆形泉池开始，穿过林荫路和柑橘园到瑞士湖；这一段与卢卡的雷阿莱庄园中的柑橘园无论是布局还是形状上都极为相似，像是同一个模型放大了很多倍的效果。另一条轴线从金字塔泉池开始，到达龙池，尽头为海神尼普顿雕塑喷泉。与中轴线强烈的个人英雄崇拜不同，横轴上更多的是表现自然静谧的题材，两者之间形成了鲜明的风格对比。

凡尔赛的成功标志着以勒·诺特为代表的法国古典园林的艺术达到了空前的巅峰。古典主义园林风格也开始在欧洲广泛流传，成为当时的主流风格之一。勒·诺特随之根据法国地理环境的特点结合古典式构图法则，将意大利园林中建筑、道路、花圃、水池、雕塑、模纹花坛等元素重新设计组合，创新出典雅稳重而又华丽浪漫的古典主义风格园林，开启了一个全新的"伟大时代"。

图7-26 主题鲜明的各类小花园

图7-27 阿波罗水中雕像

7.3 小结

"从16世纪后半叶以来，大约历时整整一个世纪，法国的造园既受到了意大利造园的影响，又经历了不断发展的过程，到17世纪后半叶左右，安德烈·勒·诺特的出现，标志着单纯模仿意大利造园样式时代的结束和所谓勒·诺特式独特造园样式时代的开始。"[2]

"向意大利学习，是法国造园艺术自古以来的传统，虽然古典主义园林的手法和造园要素跟意大利巴洛克园林几乎完全一样，但是，勒·诺特造成了转折。格罗莫尔（G.Gromort）说：在他（勒·诺特）之前，人们或多或少地从意大利弄来一些意匠和具体要素；在他之后，人们只能模仿他，但又达不到他的水平。"[3]当勒·诺特创作出令他声名大震的凡尔赛宫之后，1678年，法国国王还派他前往意大利罗马继续学习造园技术和手法，这时他已年过六旬。"勒·诺特和他手下的造园师们并没有创造新的要素，他们的高超之处在于因地制宜，根据每个园林的地形特点以及园林面积，创造性地使用了这些要素，形成更广阔、更宏

①陈志华.外国造园艺术[M].郑州：河南科学技术出版社，2013：114.
②（日）针之谷钟吉.西方造园变迁史——从伊甸园到天然公园[M].邹洪灿，译.北京：中国建筑工业出版社，2013：159.
③陈志华.外国造园艺术[M].郑州：河南科学技术出版社，2013：114.

伟的园林。比起前人的园林，诺特式园林轴线更突出、更精彩，成为艺术中心；林荫路更长，透视更深远；丛林园更多，设计更精彩；喷泉、雕塑仍然不可缺少。"①

　　在托斯卡纳园林和意大利园林的影响下，法国的园林不断自我完善着造园的思想与理论，从开始学习意大利园林到具备成熟的理论体系，经历了200多年的历史。法国的园林艺术完成了自身的蜕变，以勒·诺特为代表的造园家根据本国环境和造园的理念进行了升华，获得了世人的肯定与赞美，法国的古典园林终于成为西方园林历史上的重要体系之一。意大利园林、法国园林与后来的英国园林共同支撑起西方园林的历史（图7-28）。

图7-28　勒·诺特肖像

①林菁. 法国勒. 诺特尔式园林的艺术成就及其对现代风景园林的影响 [D]. 北京：北京林业大学，2005.

8

第八章

托斯卡纳园
林与现代景
观设计的关
系和艺术
应用

8.1　托斯卡纳园林与现代景观设计的关系

当法国园林将君主集权和专制意识完全地贯彻到造园艺术的"伟大风格"风靡欧洲之后，17世纪末期英国的资产阶级革命开始将矛头指向封建专制制度，象征着专制的古典主义也被英国风景式园林所取代。19世纪的西方世界政治、经济、文化和艺术都在工业革命的影响下发生了翻天覆地的变化。"19世纪的西方园林艺术和其他艺术形式一样也在不断地变化中发展，这种发展为20世纪新风格的出现开辟了道路，因此，19世纪可以说是西方传统园林和现代景观之间的纽带。"①

在工业革命的影响下，产生了一系列深刻的社会变革。西欧各国和美国都进入到资本主义经济高速发展的阶段，西方的政治经济制度、社会结构、科学技术和艺术形态等各方面都发生了重大转变。受到工艺美术运动、新艺术运动、现代主义、波普艺术等一系列艺术风潮的影响，传统的景观艺术都遭受不同程度的冲击和挑战。在新的时代需求和艺术思想的影响下，现代景观不断从传统园林中寻找设计元素，托斯卡纳园林和意大利园林也在众多景观设计师的探索和发掘下，以新的艺术手法和表现形式与现代景观进行融合。

8.1.1　弗莱切·斯蒂尔与瑙姆吉格庄园

"1924年到1929年的五年期间是资本主义世界相对稳定的时期，欧洲国家的经济在这个时期达到了战前水平，而且在某些工业部门和商业方面甚至还超过以前。"②艺术与文化再度获得繁荣，以美国为代表的园林艺术家们开始了对传统园林风格的继承和创新。

由于美国并不像其他国家一样拥有统一的民族传统文化，欧洲的传统园林成为当时景观设计的主流。景观设计师弗莱切·斯蒂尔（Fletcher Steele，1885—1971）曾多次对意大利和法国的园林进行实地考察研究，探寻设计灵感，在传统景观设计元素基础上进行实践创新，将前卫的景观设计思想带到美国，促进了美国景观设计走向现代主义。

瑙姆吉格庄园（Naumkeag）建造于1926年，在这座带有现代主义色彩的园林中最具特色的景观是"蓝色阶梯"，该园是20世纪早期一个经典的园林作品。斯蒂尔根据庄园的地形特点和植物特征，借鉴了托斯卡纳园林伽佐尼花园中阶梯洞窟的形式（图8-1）。使用简洁的几何形体块来代替复杂的洞窟形式，阶梯成对称式布置，只提取弧形的门洞较浅的内凹，并以显眼的蓝色概括出洞窟的造型，同时在墙壁上设计喷泉（图8-2）。阶梯上以纤细的白色金属栏杆形成与厚重石砌台阶的强烈对比。相同形状的台阶顺应地势的高差向上重复四次，在四周白桦树的映

① 张健健. 20世纪西方艺术对景观设计的影响 [M]. 南京：东南大学出版社，2014：005.
② （苏）布宁，（苏）萨瓦连斯卡娅. 城市建设艺术史 [M]. 黄海华，等译. 北京：中国建筑工业出版社，1992：40.
③ 同上

图8-1　瑙姆吉格庄园的绿色阶梯和伽佐尼庄园洞窟台阶形式对比

图8-2　单个洞窟元素造型

衬下，营造出欢快活泼的视觉效果。斯蒂尔运用伽佐尼花园中对高差的处理手法，对传统的托斯卡纳园林及意大利园林进行了新风格的探索，利用新材料、新色彩和简洁的方式，体现出现代景观设计中的动态与韵律感。

从瑙姆吉格庄园的设计分析可以看出（图8-3），尽管斯蒂尔采用的是托斯卡纳园林中的传统元素，但是利用现代的手法进行重新设计，依然可以使传统的园林展现出强大的生命力，经典的元素同样可以对现代景观园林的建设起到指导作用。

8.1.2　丹·凯利与米勒花园

丹·凯利（Dan Kiley，1912—2004）是美国景观设计历史上著名的"哈佛革命"的发起者之一，是美国现代景观设计的奠基人之一，曾经在欧洲实地考察古典园林的经历对他有很深的影响。"（凯利）不断地从各种文化遗产中吸收养分，古罗马的建筑遗迹、西班牙的摩尔式花园、意大利的庄园都成为他汲取灵感的源泉。"[③]

建造于1950年的米勒花园坐落于印第安纳州哥伦布斯镇，凯利根据地势东高西低的特点，利用意大利文艺复兴园林的布局方式将花园划分为林园、草坪和住宅花园3个部分，形成建筑—规则

图8 3 瑙姆吉格庄园平面图

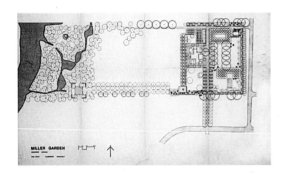

图8-4 米勒花园平面与立面图示

式花园—自然式公园—自然环境的过渡。花园中的几何构图形式、比例关系、喷泉水池等古典园林的理念框架与现代主义的手法巧妙的融合，实现了景观上现代与传统的对话（图8-4）。

在花园的整体布局上，凯利尝试将蒙特里安的抽象画的方式与意大利园林中轴线要素相结合，以突破传统园林中框架的束缚，使其不再局限于明显的对称方式和繁琐的景观装饰。依据建筑与环境的特点布置，使用了相对自由的"风车形"轴线体系，将建筑外部划分成不同功能的空间，轴线有的深入院落，有的穿过树列，有的消失于大草坪（图8-5）。当轴线主次关系不再被强调，轴线间相互的穿插使空间的过渡更加生动合理。通过整齐的树木、绿篱和草坪的高低起伏对比，形成了无形的空间长廊，道路端头的雕塑和喷泉也使整个空间达到一种均衡和谐美（图8-6）。

从米勒花园中可以看出凯利运用古典主义语言营造现代空间的强烈追求，注重结构的清晰性与空间的连续性。艾克博（Garrett Eckbo，1910—2000）称赞道："凯利对于现代景观设计的最大贡献，在于他既继承传统又撇弃糟粕的决心。"

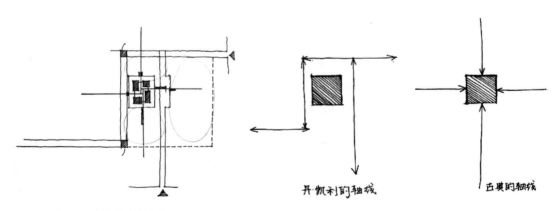

图8-5 米勒花园与古典轴线的对比

图8-6　米勒花园与意大利园林林荫道对比

8.1.3 玛莎·施瓦茨与亚克博·亚维茨广场

玛莎·施瓦茨（Martha Schwartz）是著名的后现代主义景观设计师，她的作品中往往呈现出许多综合性的元素。波普艺术、大地艺术、达达主义、极简艺术等一系列的艺术风格经常被她设计为带有强烈视觉效果和个性的景观作品。而在联邦法院广场、曼彻斯特交易所广场等景观设计中又表现出对历史人文的关注。

纽约市的亚克博·亚维茨广场（Jacob Javits）的地下车库和地下服务设施的混凝土结构地面限制了绿色植物的种植，导致周边的建筑其貌不扬，整个区域也显得非常无趣。玛莎认为广场必须充满活力和生动有趣，于是以意大利巴洛克花园中的模纹花坛为创作原型，运用现代手法重塑这些传统花园中的景观要素使广场变得富有生命力，深受市民好评（图8-7）。

8.1.4 小结

进入20世纪以后，城市化进程的加速和经济的繁荣促使世界各国的景观行业都进入了蓬勃发展的时期，各国的景观都在现代主义景观思想和风格的基础上，不断吸收、补充、调整和拓展，出现了多元化的发展趋势。在这样的趋势下，纯粹设计风格的界限已经开始变得越来越模糊，以至于很难去界定一个作品究竟属于哪一种风格。

托斯卡纳园林甚至意大利园林中的许多特征似乎与我们越来越遥远，由于时代的进步和生活方式的改变，不可能再按照原来的形式一成不变地模仿，不能照搬历史，而应以史为鉴，以现代的审美和设计手法重新审视传统。正如斯蒂尔、凯利、玛莎等景观设计师在近代景观实践中的尝试一样，通过不断地去古典园林中学习来获取新的设计元素和灵感，赋予如托斯卡纳园林等古典园林形式时代精神和现代意义，将古典元素与现代技巧相结合，促进传统文化的再次绽放。

图8-7　现代设计语言与传统元素

8.2　托斯卡纳园林的艺术特征

　　托斯卡纳园林从15世纪初的卡法吉奥罗庄园、卡雷吉奥庄园、美第奇庄园等发展到20世纪初的伊塔提庄园、拉沃切庄园，期间历经了近5个世纪的发展变化。每座园林经过独具匠心的设计，在规划布局和艺术形式上各有千秋，将文艺复兴时期特有的典雅与庄重表现得淋漓尽致，托斯卡纳的园林艺术呈现出以下几点特征。

8.2.1　理性特征

　　托斯卡纳的建筑讲究节制、脉络严谨、几何结构简洁分明，崇尚规范化的柱式，在外观的风格上表现出条理分明、严谨完整、精雕细琢和美丽豪华的特点。文艺复兴初期园林与建筑作为一个整体进行设计建造是建筑化的园林，托斯卡纳园林受到建筑风格的影响，园林中所体现出的特点与建筑风格类似。

　　托斯卡纳园林从初期就体现出高尚、端正、严肃的氛围，带有规范、整体、统一、稳定和均衡的理性主义特征。这些充满和谐与统一的园林其设计思想来自于理性的哲学、几何学和美学思想。

　　西方早期的理性主义哲学主要受到巴门尼德（Parmenides of Elea）、苏格拉底（Socrates）、柏拉图（Plato）、亚里士多德（Aristotle）、毕达哥拉斯等哲学思想的影响，认为"数"是万物之源，一切事物都是按照数理的形式存在，美就是数的和谐。在文化上表现为冷静的、沉思的、概念性的、逻辑性的特点，追求知识和概念的确定性和真理性，并坚信理性是灵魂中最高的部分，逻辑的力量是灵魂的最高属性。以理性的思想为指导，古希腊数学家欧几里得（Euclid）在其著作《几何原本》（《Elements》）中将几何学真正地变为利用严密逻辑运算的系统化和条理化的知识体系。西方的美学受到古希腊文明的影响，认为宇宙是一个充满秩序的整体，人体则是宇宙中的小秩序。几何学能够完美的体现古代哲学观和美学思想。所以，在古希腊、古罗马文化和艺术中的神是以体魄健硕的人体为原型进行塑造的，把美认为是比例与和谐，形成了以形式和秩序为主的"古典美"，之后不断规范演变成为西方艺术创作的指导思想。

　　在这样的哲学观、美学观和几何学等多方面的影响下，托斯卡纳园林从平面构图到整体布局不断体现着几何学与文艺复兴透视法推导出的严谨结构，建筑在内所有的要素均服从整体的几何关系和秩序，形成了追求比例之间的协调和整体关系的明确，以及形式简洁适度的特点。

①（明）计成. 园冶注释 [M]. 北京：中国建筑工业出版社，2007：57.

8.2.2 设计规划

文艺复兴时期的托斯卡纳园林在总结和吸收多方园林特色的基础上，在人文主义思想的影响下，终于形成了具有自身特色的园林风格。在园林的设计规划上主要体现出因地制宜和创新发展的两大特点。

1. 因地制宜

托斯卡纳地区的园林大多数位于高起的丘陵或山脉的脚下，但是多种多样的地貌环境也使园林产生了多种多样的变化。为了弥补不同地理条件带来的环境因素，园林的设计者一开始就对整块区域进行了统一的设计布局，充分利用地形来建造园林。以建筑师的全局眼光，运用轴线形式的变化将空间进行合理的利用，使庄园的各个部分组成一个协调的整体。

尽管每个园林的内部由于轴线的不同，在布局上存在着各种差异，但是园林与周围环境的变化却始终建立在"建筑—花园—林园"的法则下，使人工园林与大自然之间形成自然的过渡，实现和谐共生的局面。

在这样的情况下，别墅建筑和花园的位置也不是一成不变的，而是通过地理环境、视觉效果、立体效果、水利条件、植被生长等多方面的因素进行选址建造。这样的因地制宜、统一规划的设计理念与中国明代造园家计成在《园冶》"相地"一篇中所提出的概念不谋而合。"规划应因地制宜，方者就其方，圆者近其圆，坡者近其坡，曲者依其曲；长而弯曲者，委婉回环如玉璧，阔而倾斜者，层层叠落似铺云。"[①]其中"层层叠落似铺云"正是对托斯卡纳园林中台层最富诗意的写照。

托斯卡纳园林风格形成的一个重要的推动因素就是该地区独特的地理环境。具有创新精神的造园设计师们通过在高低起伏的丘陵上建造园林的实践，利用台层的手法一步步将台地园林形式

不断完善后，托斯卡纳和意大利园林才真正让世人感受到其无穷的魅力。法国园林因为没有高低起伏的丘陵，所以才在设计师们的研究下根据本国平原特征创造出法国古典主义园林风格。可以说丘陵的地形环境是托斯卡纳和意大利园林形成的一个先决条件，又是影响其发展的根本条件。

现代景观设计中，无论景观的形式和手法千变万化，但最终的目的是人与自然的和谐相处。人类在自然形态的基础上运用各种技术手段创造出符合使用功能、美学感受、心理需求的景观设计。唯有对场地所处的自然环境基础条件有了全面的认知，对环境中存在的优势与劣势有了准确的认识，才能利用设计的手法将不利因素变为有利条件，真正将因地制宜的理念贯彻在现代景观设计之中。

2. 创新发展

回顾整个意大利园林和托斯卡纳地区园林发展的历程，融合与发展、继承与创新一直是贯穿园林发展的主线。从古罗马时期吸收古希腊等地区由前庭、列柱廊式中庭和围廊式花园的建筑布局形式，开始形成早期前宅后园式的布局方式，利用柱廊将花园进行围合，并开始出现喷泉、水渠、柱廊、瓶饰、几何形植物等元素的雏形；中世纪宗教枷锁和政权分裂的局面又使园林朝着实用的修道院式园林和城堡花园发展，虽然这个时期园林的风格并没有实质性的突破，但在这个阶段，园林中"十"字形分割的布局，花园中植物的种类都得到了进一步的发展，园林中猎园、谜园、结园等娱乐性质的空间出现，也为后期园林中提供了多样的功能。

当文艺复兴的春雷将人们从宗教的梦境中唤醒，人们开始从生理和心理需求的角度对园林重新思考。继承、融合、创新成为文艺复兴时期艺术家们穷尽一生的追求。园林的形式也开始随着建筑风格的演变不断发生变化。

文艺复兴时期的建筑风格追求理性的稳定感，半圆拱券、厚实墙、圆形穹隆、水平向的厚檐也被用来同哥特式风格中的尖券、尖塔、垂直向上的束柱、飞扶壁与小尖塔等对抗。在建筑轮廓上，文艺复兴时期讲究整齐、统一与条理性，而不像哥特风格那样参差不齐、富于自发性与高低强烈的对比。这一时期的园林大都严格遵守着工整、对称的中轴线布局，提倡富于统一性与稳定感的三段式布局，植物的排列也以"梅花五点式"种植手法为主，中央的位置是用绿篱围合的水池和喷泉。尽管利用地势修建台地的雏形已经出现，但仍处于探索阶段，建筑外观与园林形式之间并没有太大的关联性。园林中的元素是以喷泉、雕塑、绿篱为主。

"巴洛克时期的建筑风格从形式上可以看作是文艺复兴的支流和变形。但其目的是在教堂中制造神秘迷惘同时又标榜教廷富有的珠光宝气的气氛。它善于运用矫揉造作的手法达到特殊的效果：如利用透视的幻觉与增加层次来夸大距离之深远或探前；采用波浪形曲线与曲面，断折的檐部与山花，柱子的疏密排列加强立面与空间的凹凸起伏和运动感；如运用光影变化，形体的不稳定组合营造虚幻与动荡的气氛等。"[1]这一时期的园林也受到巴洛克风格的影响，开始追求新奇夸张的变化，建筑上大量使用的涡卷和波浪形曲线被设计成连续的绿篱和刺绣花坛，植物的造型也变得多种多样，产生强烈的光影效果；总体布局上强调主从的变化，轴线开始出现多种形式的变化，"三叉式""辐射型"道路形式被大量应用在园林之中，达到透视深远的效果；带有神秘色彩的洞窟变得富有装饰性，大量娱乐性的喷泉、露天剧场相继出现，使园林带有热情、奔放、动感的特征，强烈的视觉效果引发游人惊奇、震撼的情绪。

到了19世纪，由于战争的因素，托斯卡纳地区的造园一度中止，但是英国人平森特、斯科特等人的到来，以及使用"绿色艺术"的手法得到广泛的认可。平森特又将英国、法国园林特征融合到新的设计实践中，使园林中的形式和手法成为当时的潮流，为该地区的园林增添了一道靓丽的风景。

8.2.3 先进的技术应用

文艺复兴时期科学与技术也得到了迅速发展。绘画艺术中透视学和自然学科的水动力机械和气动装置的应用水平取得了巨大的进步，这些技术迅速地被应用于园林之中，满足不断增加的元素和景致的技术要求。

1. 透视学

透视学在托斯卡纳园林中应用的一个显著特征是利用轴线强化线性透视。园林中的轴线变得越来越长，越来越精确。园林中的道路都是平

① 罗小未，蔡琬英. 外国建筑历史图说［M］. 上海：同济大学出版社，1986：120.
②（美）阿纳托尔·奇基内. 意大利文艺复兴和巴洛克园林中水声的应用［J］. 朱建宁，译. 中国园林，2015（05）.
③ 韩斌. 歌剧舞台简史［OL］. http://blog.sina.com.cn/s/blog_3f7178400101ab92.html

行的直线或交叉线，道路两旁的绿篱或阵列的雕塑形成几何化的边缘，随着道路向远处消失，产生了极强的透视效果，引导游览者的视线通向园林中景观的高潮部分。在托斯卡纳园林中，甚至在意大利和法国园林中都可以很轻松地找出园林中的消失点，以及在道路端头或交叉位置精心设计摆放的雕塑或喷泉。顺着道路或轴线将草坪设计成长条形，也是利用同样的视觉原理，作为延长视线和空间的手段。

近大远小的视觉规律在园林中也常被利用。适当的将远处的建筑或景观放大或缩小，对三维空间透视元素的人为调整，导致人们眼中所看到的透视效果被强化或削弱了。在园林入口处出现的梯形广场和辐射型路径也是为了增强透视效果而设计的，这样的透视学原理甚至还影响到罗马城的规划布局和城市广场的建设。

2. 动力学

动力学的进步与革新也被迅速应用到园林的水景之中，相继产生了大量以水为动力的水风琴、音乐喷泉、石窟喷泉。在文艺复兴后期和巴洛克时期的水景设计中，"有时在毫无征兆的情况下，会从庭院路面或长凳的座位下喷出水来，横跨水面的木吊桥会出人意料地翻转，一个镶嵌在洞穴入口上方的陶罐会突然倒覆，这些都会使游客情不自禁地尖叫、大笑而且浑身湿透。"[②]此外，在园林中还经常利用气动学模拟枪炮的声音，将这些装置隐藏于雕塑或主题喷泉中，为游人带来冲击感。

8.2.4 娱乐功能

文艺复兴之前，教会是西欧封建社会的精神统治，为了禁锢人们的思想，保持上帝的绝对威信，教会结合《圣经》的教义，建立起一套严格的等级制度，使市民对现实生活充满了悲观绝望的感觉。

当佛罗伦萨新兴的资产阶级提倡复兴古罗马时期的古典文化后，市民的思想和精神逐渐得到了解放，主张人性自由，肯定人的价值与尊严，追求幸福现实生活的思想被广泛接受。长期思想精神的禁锢，使人们的思想在得到解放之后获得了极大的创造力。在古希腊戏剧表演形式的基础上，佛罗伦萨人开创出一种全新的表演形式——歌剧。1600年10月9日，意大利作曲家卡契尼的《瑟法洛的升华》在佛罗伦萨美第奇的宫廷首演，有详细的文字记录了这次演出："曙光女神有一对金色的翅膀，穿绘有彩虹的白袍，围一条红色的腰带。海神化妆成满脸胡须的男子，戴皇冠，穿淡红色的斗篷，爱神丘比特是一个手持弓箭、背着一对翅膀的男孩，他被安置在一个机械装置顶端，下面有滑轮，工作人员沿着舞台方向拉动这个机械，造成丘比特在空中飞行的效果。"[③]这是有文字记录的第一次歌剧演出，之后注重声乐演唱的歌剧成为意大利娱乐文化的主导。

园林成为户外的厅堂，人们在园林中进行舞台戏剧表演、举办各种类型的宴会、聆听美妙的音乐，甚至在园林中举行焰火晚会，整个园林成为住宅的一个重要组成部分。露天剧场、水剧场和绿色剧场都具备提供演出的娱乐功能。虽然剧场的大小不一，但是都设计有为演员上下场的通道。这种追求自由、享乐和幸福生活的态度也反映在托斯卡纳园林之中，园林对于意大利人的意义更像是一座户外的交际舞台，在空间的布局上更注重空间的开放性，他们热衷于在园林中举办各种聚会表演活动，这种具有娱乐性的园林与中国园林中封闭、宁静优雅的意境美形成了鲜明的对比。

美第奇家族将波波利花园作为一个宏大的外交平台展示家族的财富和地位时，园林开始具有新内涵，通过对园林的设计与装饰来表现家族政治权利、经济繁荣，以此达到赢得民众拥护，教皇支持的目的。园林成为蕴含政治、美学、艺术、经济、文化、科技等各种门类的载体，形成一种综合性的艺术形式。正如我国著名景观学者所述："景观设计是集艺术学、科学、工程技术、生态学、管理学、环境学、资源学、社会文化学等为一体的应用型学科，它的最终目的是为人类的活动以及精神的享受而服务。"①

①王颖. 现代景观设计的发展趋势研究［J］. 大舞台，2015，3.

9

第九章

结　论

9.1 结语

本书对意大利托斯卡纳地区园林的特征，以及它对世界园林艺术的发展做出的杰出贡献进行研究，通过研究可以发现：

第一，古罗马和中世纪的园林为托斯卡纳园林的形成奠定了基础。

古罗马时期建筑前宅后院的内庭式布局形式成为园林与建筑布局方式的雏形；选择风景秀丽的山区作为别墅庄园的基址成为一种习惯延续下来；花园中十字交叉的方式成为意大利园林中基本的模式；喷泉、雕塑、水渠、植物修剪的组合成为花园中经典的装饰元素。

中世纪时期的园林总体以实用性为主。果园、菜园、草药园等种植类园地开始以分区的形式出现在修道院或城堡中，在花园的设计上开始有意识地利用轴线控制空间。花架、绿廊、结园、迷园、猎园等娱乐型空间形式的出现丰富了园林中的装饰手段。

第二，文艺复兴时期的政治、经济、文学、绘画、建筑理论多方面的因素促进了托斯卡纳园林的发展。

第三，托斯卡纳园林在文艺复兴时期大量的实践中丰富了园林艺术的宝库。

从文艺复兴初期园林的实践中我们可以看到，除了建筑的布局和形式在逐步地发生改变外，园林的形式也随之不断地演变。到美第奇庄园，将园林按照地势的起伏进行分级处理的手法开始变得成熟。卡斯特罗庄园的建造可以说是托斯卡纳园林成熟的标志，"三段式"的构图方式，"梅花五点式"的种植方式成为之后园林建造的一个基本法则。文艺复兴之后的园林受到巴洛克风格的影响变得复杂多变，有伽佐尼花园中巴洛克式的华丽，也有冈贝拉伊亚庄园的精致典雅，还有伊塔提庄园的纯粹与质朴。

第四，托斯卡纳园林造园要素的类型特征。

通过对托斯卡纳地区园林的归纳与总结，对园林的选址、空间序列、路径序列、雕塑、水体、庭院剧场、神秘洞窟、植物配置等方面进行详细分析，并选取了伽佐尼花园与中国留园进行对比研究，全面阐释托斯卡纳园林的形式与手法。

第五，托斯卡纳园林对西方近代园林的发展意义重大。

托斯卡纳园林促进了罗马拉齐奥地区的发展，也极大地推动了法国古典主义园林的产生和发展，近现代园林景观设计师们在实践中仍能不断的从中获取灵感。

第六，托斯卡纳园林的特征和应用研究。

总体来看，托斯卡纳园林在理性特征、设计规划、技术应用和娱乐功能四个方面上有着突出的表现。利用托斯卡纳园林的一些显著特征在居住区景观设计中可以达到良好的视觉和环境效果。

第七，托斯卡纳园林对于我国园林的启示。

传统的园林形式终将随着时代的发展而逐渐改变，新型园林也必定是在传统园林形式的基础上成长起来的。因循守旧、故步自封是园林形式衰落乃至消亡的根本原因，而急功近利、盲目抄袭只能导致各种园林思潮的加速消亡。因此，继承与创新是园林艺术生命赖以生存和发展的保证，而它又建立在对古今中外园林艺术的全面了解，尤其是对本土文化和景观资源的深刻理解之上的。唯有继承传统中优秀的部分、勇于创新、融贯中西、博采众长，才能使中国现代园林真正走向健康发展之路。

"研今必习古，无古不成今"，托斯卡纳园林为后代留下了宝贵的艺术财富，但后世人们学习借鉴它的艺术手法不能仅仅看到那些表面形式的东西，应该深入到它的本质核心方面，更多地学习它与自然的联系，它的空间结构、它的简洁的语言等而不是它在特定背景下产生的宏大规模和规则式的风格。希望通过对于托斯卡纳地区的园林研究能够为了解西方现代景观提供基石，可以全方位、多角度的了解意大利托斯卡纳地区的园林，以及不同环境下园林所展现出的独特艺术特征，从而在丰富现代景观设计中多元化的手法，吸取传统文化和国外经验的同时，利用现代景观的形式语言使它们重新绽放无穷的魅力，创造出本土的景观设计发展之路。

9.2 展望

意大利托斯卡纳园林的艺术特征给我留下了深刻的印象，同时，意大利对于园林文化遗产保护和修复工作的完善程度也令人感到惊叹。一座座古老的园林虽然历经四五百年却无破败的痕迹，像哈德良山庄这样的遗迹已近2000年，但依然可以看到当初的面貌。尤其是园林中建筑的内部装饰与当年建造完毕时的壁画相比相差寥寥无几，游览这些园林仿佛穿越时空隧道，可以真切地感受到这些上百年甚至上千年的园林在当下散发的无穷魅力。这得益于意大利对建筑与历史文化遗产的保护方法，完整的保护理论体系和法律法规，规范了对历史遗产保护和修复的措施。

中国与意大利一样属于历史悠久的文明古国，也留存有大量具有悠久历史的文化遗产，但仅从园林文化遗产的保护和修复工作上看，我们与意大利之间尚有一定的差距。然而这并不是靠一朝一夕就能够迅速弥补的，而是需要深入的研究意大利对园林遗迹的保护方法和策略，然后参照本国园林的特点，制定切实可行的计划，建立一套完整的建筑与历史文化遗产的保护理论体系和法律法规。根据不同的园林遗址类型，制定出相应的保护修复策略，将园林的精华保存，才能保证后人能够切身感受到传统园林文化的精髓和魅力，这也将是本研究重要的后续工作之一。

附录1：托斯卡纳地区文艺复兴时期园林简表

时间	1445年	1452年	1452年
名称	萨尔维亚蒂庄园 （Villa Salviati）	卡法吉奥罗庄园 （Villa Cafayyiolo）	卡雷吉奥庄园 （Villa Careggio）
地区	佛罗伦萨 （Florence）	佛罗伦萨 （Florence）	佛罗伦萨 （Florence）
建筑师	米凯洛奇·米开罗佐 （Michelozzi Michelozzo）	米凯洛奇·米开罗佐 （Michelozzi Michelozzo）	米凯洛奇·米开罗佐 （Michelozzi Michelozzo）
园林主人	萨尔维亚蒂家族 （Medici）	美第奇家族 （Medici）	美第奇家族 （Medici）
鸟瞰图			
建筑			
版（壁）画			

时间	约15世纪	1485年	1520年
名称	美第奇庄园 （Villa Meidici）	波吉奥·阿·卡亚诺庄园 （Villa Poggio a Caiano）	维科贝洛庄园 （Villa Vicobello）
地区	佛罗伦萨 （Florence）	佛罗伦萨 （Florence）	锡耶纳 （Siena）
建筑师	米凯洛奇·米开罗佐 （Michelozzi Michelozzo）	朱利亚诺·达·桑迦洛 （Giuliano da Sangallo）	佩鲁兹 （Baldassarre Peruzzi）
园林主人	美第奇家族 （Medici）	美第奇家族 （Medici）	奇吉家族 （Chigi）
鸟瞰图			
建筑			
版（壁）画			
园林平面			

时间	1527年	1540年	1549年
名称	赛尔萨庄园 （Villa Celsa）	卡斯特罗庄园 （Villa Castello）	波波利花园 （Boboli Gardens）
地区	锡耶纳 （Siena）	佛罗伦萨 （Florence）	佛罗伦萨 （Florence）
建筑师	佩鲁兹 （Baldassarre Peruzzi）	特里波特 （Niccolo Tribolo）	特里波特、阿曼纳蒂、瓦萨利等
园林主人	赛尔斯家族 （Celsi）	美第奇家族 （Medici）	美第奇家族 （Medici）
鸟瞰图			
建筑			
版（壁）画			
园林平面			

时间	1569年	1572年	1587年
名称	普拉托利诺庄园 (Villa Pratolino)	卡波尼庄园 (Villa Capponi)	彼得拉亚庄园 (Villa Petraia)
地区	佛罗伦萨 (Florence)	佛罗伦萨 (Florence)	佛罗伦萨 (Florence)
建筑师	布奥塔伦蒂 (Buontalenti)		拉法埃罗 (Raffaello Pagni)
园林主人	美第奇家族	卡波尼 (Gino Capponi)	美第奇家族 (Medici)
鸟瞰图			
建筑			
版（壁）画			
园林平面			

时间	1590年	1600年	1645年
名称	伯狄尼庄园 （Villa Bottini）	托里吉安尼庄园 （Villa Torrigiani）	雷阿莱庄园 （Villa Reale）
地区	卢卡 （Lucca）	卢卡 （Lucca）	卢卡 （Lucca）
建筑师		安德烈·勒·诺特 （André Le Nôtre）	
园林主人	（弗瑞斯克） Salimbeni's frescos	桑蒂尼家族 （Nicola Santini）	奥尔色提伯爵
鸟瞰图			
建筑			
版（壁）画			
园林平面			

时间	1652年	1680年	1725年
名称	伽佐尼花园 （Giardino Garzoni）	奇吉·切提纳莱庄园 （Villa Chigi Cetinale）	曼西庄园 （Villa Mansi）
地区	卢卡 （Lucca）	锡耶纳 （Siena）	卢卡 （Lucca）
建筑师	迪奥达蒂 （Diodati）	封丹纳 （Carlo Fontana）	乌其奥和保罗 （Muzio Oddi, Paolo Cenami）
园林主人	伽佐尼家族 （Garzoni）	奇吉家族 （Chigi）	切那米家族 （Cenami）
鸟瞰图			
建筑			
版（壁）画			
园林平面			

时间	1911年	1913年	1924年
名称	伊塔提庄园 （Villa I Tatti）	巴尔兹庄园 （Villa le Balze）	拉沃切庄园 （Villa La Foce）
地区	佛罗伦萨 （Florence）	佛罗伦萨 （Florence）	佛罗伦萨 （Florence）
建筑师	平森特和斯科特 （Cecil Pinsent, Geoffrey Scott）	平森特 （Cecil Pinsent）	平森特 （Cecil Pinsent）
园林主人	伯纳德·贝伦森 （Bernard Berenson）	查尔斯 （Charles Augusts Strong）	欧瑞西亚 （Val d'Orcia）
鸟瞰图			
建筑			
版（壁）画			
园林平面			

附录2：美第奇家族族谱

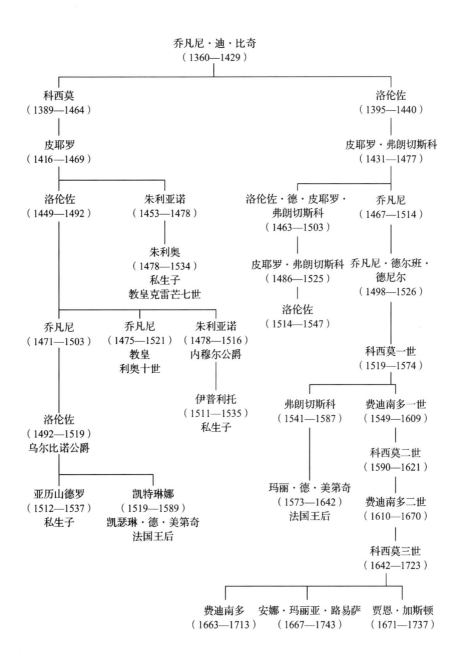

附图索引

ic_strong&z=1#multiple=0&dataindex=3&id=bf4191ef63111bf01a073

a9ce524e37a&itemindex=0&currsn=0&gn=0&cn=0&kn=0

图3-4　1494年意大利地区公国分布来源于

http://www.baike.com/wiki/%E6%89%98%E6%96%AF%E5%8D%A1%
E7%BA%B3%E5%A4%A7%E5%85%AC%E5%9B%BD

图3-5　15世纪的佛罗伦萨城来源于

http://image.baidu.com/search/index?tn=baiduimage&ps=1&ct=20132
6592&lm=-1&cl=2&nc=1&ie=utf-8&word=%E5%8D%81%E4%BA%94
%E4%B8%96%E7%BA%AA%E7%9A%84%E4%BD%9B%E7%BD%97%
E4%BC%A6%E8%90%A8%E5%9F%8E

图3-6　乔凡尼·美第奇肖像来源于

https://image.baidu.com/search/index?tn=baiduimage&ipn=r
&ct=201326592&cl=2&lm=-1&st=-1&fm=result&fr=&sf=1&f
mq=1516020680965_R&pv=&ic=0&nc=1&z=&se=1&showtab=0&fb=
0&width=&height=&face=0&istype=2&ie=utf-8&word=%E4%B9%94
%E5%87%A1%E5%B0%BC%C2%B7%E7%BE%8E%E7%AC%AC%E5
%A5%87%E8%82%96%E5%83%8F

图3-7　乔凡尼捐助建设的"天堂之门"来源于

https://image.baidu.com/search/index?tn=baiduimage&ipn=r
&ct=201326592&cl=2&lm=-1&st=-1&fm=result&fr=&sf=1&f
mq=1516020724819_R&pv=&ic=0&nc=1&z=&se=1&showtab=0&fb=0
&width=&height=&face=0&istype=2&ie=utf-8&word=%E5%A4%A9
%E5%A0%82%E4%B9%8B%E9%97%A8

图3-8　科西莫肖像来源于

https://image.baidu.com/search/index?tn=baiduimage&ipn=r
&ct=201326592&cl=2&lm=-1&st=-1&fm=result&fr=&sf=1&f
mq=1516020680965_R&pv=&ic=0&nc=1&z=&se=1&showtab=0&fb=
0&width=&height=&face=0&istype=2&ie=utf-8&word=%E4%B9%94
%E5%87%A1%E5%B0%BC%C2%B7%E7%BE%8E%E7%AC%AC%E5
%A5%87%E8%82%96%E5%83%8F

图3-9　韦奇奥宫殿来源于

https://image.baidu.com/search/index?tn=baiduimage&ipn=r
&ct=201326592&cl=2&lm=-1&st=-1&fm=result&fr=&sf=1&f
mq=1516020757898_R&pv=&ic=0&nc=1&z=&se=1&showtab=0&fb=0
&width=&height=&face=0&istype=2&ie=utf-8&word=%E9%9F%A6%
E5%A5%87%E5%A5%A5%E5%AE%AB%E6%AE%BF

&ct=201326592&cl=2&lm=-1&st=-1&fm=result&fr=&sf=1&f

mq=1516020962366_R&pv=&ic=0&nc=1&z=&se=1&showtab=0&fb=

0&width=&height=&face=0&istype=2&ie=utf-8&ctd=151602096236

7%5E00_1903X924&word=+%E4%B9%94%E6%89%98

图3-17　布鲁内莱斯基对圣乔瓦洗礼堂进行透视实验来源于

　　　　https://www.bilibili.com/video/av4514500/

图3-18　《圣三位一体》绘画及分析图来源于

　　　　http://blog.sina.com.cn/s/blog_8d1f2e700100yanj.html

图3-19　运用数学的方式对透视进行表现来源于王曦彤. 文艺复兴透视法的

　　　　"技巧史"［J］. 河北建筑工程学院学报，2014（04）.

图3-20　《维特鲁威人》分析来源于

　　　　https://baike.baidu.com/item/%E7%BB%B4%E7%89%B9%E9%B2%8

　　　　1%E5%A8%81%E4%BA%BA/1577569?fr=aladdin

图3-21　布鲁内莱斯基与佛罗伦萨育婴堂来源于

　　　　http://place.qyer.com/review/549135/

图3-22　坦比哀多礼拜堂及立面分析图来源于

　　　　https://baike.baidu.com/item/%E5%9D%A6%E6%AF%94%E5%93%8

　　　　0%E5%A4%9A/5805428?fr=aladdin

图3-23　伯拉孟特肖像来源于

　　　　https://ww123.net/thread-5021718-1-1.html

图3-24　现在的梵蒂冈花园与早期规划透视图来源于伊丽莎白·巴洛·罗杰斯.

　　　　世界景观设计Ⅰ：文化与建筑的历史［M］. 北京：中国林业出版社，2005.

图3-25　安德烈亚·帕拉迪奥与圆厅别墅来源于

　　　　https://baike.baidu.com/item/%E5%9C%86%E5%8E%85%E5%88%A

　　　　B%E5%A2%85/10718550?fr=aladdin

图3-26　圆厅别墅外观及平面图来源于

　　　　https://baike.baidu.com/item/%E5%9C%86%E5%8E%85%E5%88%A

　　　　B%E5%A2%85/10718550?fr=aladdin

图3-27　维尼奥拉与罗马耶稣会教堂来源于

　　　　https://www.pinterest.com/search/pins/?q=Giacomo%20Barozzi%20

　　　　da%20Vignola&rs=typed&term_meta[]=Giacomo%7Ctyped&term_

　　　　meta[]=Barozzi%7Ctyped&term_meta[]=da%7Ctyped&term_

　　　　meta[]=Vignola%7Ctyped

图3-28　阿尔伯蒂肖像来源于

　　　　https://www.douban.com/note/167991082/

图4-16　美第奇庄园柠檬园来源于

　　　　https://www.pinterest.com/pin/305541155945946272/

图4-17　美第奇庄园廊架来源于

　　　　https://www.pinterest.com/pin/281475045435938686/

图4-18　美第奇庄园剖面图来源于Mariachiara Pozzana. The Gardens of
　　　　Florence and Tuscany

图4-19　美第奇庄园地理环境及视线来源于Clemens Steenbergen，Wouter Reh.
　　　　Architecture and Landscape

图4-20　美第奇庄园元素分解示意图来源于作者改绘自Clemens Steenbergen，
　　　　Wouter Reh. Architecture and Landscape

图4-21　卡亚诺庄园建筑壁画来源于

　　　　https://www.pinterest.com/pin/463307880408555001/

图4-22　卡亚诺庄园壁画来源于

　　　　https://www.pinterest.com/pin/251779435388165021/

图4-23　卡亚诺庄园主体建筑来源于

　　　　https://www.pinterest.com/pin/376050637620934877/

图4-24　卡亚诺庄园建筑入口山花来源于

　　　　https://www.pinterest.com/pin/318981586100090408/

图4-25　卡亚诺庄园鸟瞰图来源于谷歌地图

图4-26　卡亚诺庄园东侧花园轴线分析来源于作者自绘

图4-27　萨尔维亚蒂庄园版画来源于

　　　　https://www.pinterest.com/pin/450993350175852367/

图4-28　萨尔维亚蒂庄园鸟瞰图来源于谷歌地图

图4-29　庄园南端花园来源于

　　　　https://www.pinterest.com/pin/338051515758206100/

图4-30　庄园主体建筑外观来源于

　　　　https://www.pinterest.com/pin/29766047513435239/

图4-31　萨尔维亚蒂庄园底层来源于

　　　　https://www.pinterest.com/pin/437201076309332088/

图4-32　萨尔维亚蒂庄园底层花园来源于

　　　　https://www.pinterest.com/pin/14003448825175598/

图4-33　美第奇家族在佛罗伦萨的园林分布来源于Clemens Steenbergen，
　　　　Wouter Reh. Architecture and Landscape

图4-34　卡斯特罗庄园壁画来源于

　　　　https://www.pinterest.com/pin/532621093424599393/

图4-35　卡斯特罗庄园鸟瞰图来源于BBC纪录片《意大利园林——佛罗伦萨篇》

参考文献

中文书目

[1] 陈志华. 外国造园艺术 [M]. 郑州：河南科学技术出版社，2013.

[2] 郦芷若，朱建宁. 西方园林 [M]. 郑州：河南科学技术出版社，2001.

[3] 朱建宁. 西方园林史——19世纪之前 [M]. 北京：中国建筑工业出版社，2008.

[4] 王蔚. 外国古代园林史 [M]. 北京：中国建筑工业出版社，2011.

[5] 王素色. 文艺复兴时代著名的美术家及其名作 [M]. 北京：中国青年出版社，2015.

[6] 朱建宁. 室外的厅堂——意大利传统园林艺术 [M]. 昆明：云南大学出版社，1999.

[7] 赵鑫珊. 罗马风建筑——信仰与象征 [M]. 上海：上海辞书出版社，2008.

[8] 朱龙华. 意大利文化 [M]. 上海：上海社会科学院出版社，2004.

[9] 沈玉麟. 外国城市建设史 [M]. 北京：中国建筑工业出版社，1989.

[10] 张祖刚. 世界园林史图说 [M]. 北京：中国建筑工业出版社，2013.

[11] 欧金尼奥·加林. 文艺复兴时期的人 [M]. 李玉成，译. 北京：生活·读书·新知三联书店，2003.

[12] 李宇宏. 外国古典园林艺术 [M]. 北京：中国电力出版社，2014.

[13] 朱光潜. 西方美学史 [M]. 北京：人民文学出版社，1963.

[14] 蒋百里. 欧洲文艺复兴史 [M]. 上海：东方出版社，2007.

[15] 吴于廑，齐世荣. 世界史·近代史编上卷 [M]. 北京：高等教育出版社，1992.

[16] 王向荣，林箐. 西方现代景观设计的理论与实践 [M]. 北京：中国建筑工业出版，2002.

[17] 杨滨章. 外国园林史 [M]. 哈尔滨：东北林业大学出版社，2003.

[18] 薄伽丘. 十日谈 [M]. 王永年，译. 北京：人民文学出版社出版，1994.

[19] 威尔·杜兰. 文艺复兴 [M]. 北京：东方出版社，2003.

[20] 保罗·斯特拉森. 美第奇家族——文艺复兴时期的教父们 [M]. 马永波，聂文静，译. 北京：新星出版社，2007.

[21] 陈平. 外国建筑史——从远古至19世纪 [M]. 南京：东南大学出版社，2006.

[22] 罗小未，蔡琬英. 外国建筑历史图说 [M]. 上海：同济大学出版社，1986.

［23］汤普逊. 中世纪经济社会史［M］. 耿淡如, 译. 北京：商务印书馆, 1963.

［24］莱昂・巴蒂斯塔・阿尔伯蒂. 建筑论——阿尔伯蒂建筑十书［M］. 王贵祥, 译. 北京：中国建筑工业出版社, 2010.

［25］米歇尔・德・蒙田. 蒙田意大利之旅［M］. 马振骋, 译. 上海：上海书店出版社, 2011.

［26］佩内洛佩・霍布豪斯. 意大利园林［M］. 于晓楠, 译. 北京：中国建筑工业出版社, 2004.

［27］伊丽莎白・巴洛・罗杰斯. 世界景观设计Ⅱ：文化与建筑的历史［M］. 韩炳越, 译. 北京：中国林业出版社, 2005.

［28］E・H贡布里希, 李本正, 范景中. 文艺复兴：西方艺术的伟大时代［M］. 杭州：中国美术学院出版社, 2000.

［29］玛格丽特・L. 金. 欧洲文艺复兴［M］. 李平, 译. 上海：上海人民出版社, 2010.

［30］H. 赫德. 罗念生. 意大利简史：从古代到现在［M］. 朱海观, 译. 北京：商务印书馆, 1975.

［31］焦瓦尼・斯帕多利尼. 缔造意大利的精英——以人物为线索的意大利近代史［M］. 戎殿新, 罗红波, 译. 北京：世界知识出版社, 1993.

［32］彼得・伯克. 意大利文艺复兴时期的文化与社会［M］. 刘君, 译. 北京：东方出版社, 2007.

［33］针之谷钟吉. 西方造园变迁史——从伊甸园到天然公园［M］. 章敬三, 译. 北京：中国建筑工业出版社, 2004.

［34］雅各布・布克哈特. 意大利文艺复兴时期的文化［M］. 何新, 译. 北京：商务印书馆, 1988.

［35］汤姆・特纳. 世界园林史［M］. 林箐, 译. 北京：中国林业出版社, 2011.

［36］尼科洛・马基雅维里. 佛罗伦萨史［M］. 李活, 译. 北京：商务印书馆, 1982.

［37］汤姆. 特纳. 欧洲园林：历史、哲学与设计［M］. 任国亮, 译. 北京：电子工业出版社, 2015.

［38］陈从周. 说园［M］. 上海：同济大学出版社, 1984.

［39］彭一刚. 中国古典园林分析［M］. 北京：中国建筑工业出版社, 1996.

［40］金晖, 曹振国. 世界建筑艺术发展史［M］. 北京：中国建材工业出版社, 1998.

［41］张健健. 20世纪西方艺术对景观设计的影响［M］. 南京：东南大学出版社, 2014.

［42］田云庆. 室外环境设计基础［M］. 上海：上海人民美术出版社, 2007.

［43］陈志华. 外国建筑史（19世纪末叶以前）［M］. 北京：中国建筑工业出版

社，2010.

[44] 罗小未. 外国近现代建筑史 [M]. 北京：中国建筑工业出版社，2004.

[45] 刘致平著，王其明. 中国居住建筑简史——城市、住宅、园林 [M]. 北京：
中国建筑工业出版社，1990.

[46] 刘滨谊，等著. 纪念性景观与旅游规划设计 [M]. 南京：东南大学出版
社，2005.

[47] 张国栋. 园林构景要素的表现类型及实例 [M]. 北京：化学工业出版社，
2009.

[48] 赵晶. 从风景园到田园城市——18世纪初期到19世纪中叶西方景观规划的
发展及影响 [M]. 北京：中国建筑工业出版社，2016.

[49] 曾伟. 西方艺术视角下的当代景观设计 [M]. 南京：东南大学出版社，
2014.

[50] 周维权. 中国古典园林史 [M]. 北京：清华大学出版社，2013.

[51] 但丁. 神曲 [M]. 王维克，译. 广州：花城出版社，2014.

[52] 童寯. 造园史纲 [M]. 北京：中国建筑工业出版社，1983.

[53] 陆邵明. 建筑体验——空间中的情节 [M]. 北京：中国建筑工业出版社，
2007.

[54] 沙利文. 庭园与气候 [M]. 沈浮，王志珊，等译. 北京：中国建筑工业出
版社，2015.

[55] 曹林娣. 中国园林文化 [M]. 北京：中国建筑工业出版社，2005.

[56] 冯钟平. 中国园林建筑 [M]. 北京：清华大学出版社，1998.

[57] 计成. 园冶注释 [M]. 北京：中国建筑工业出版社，2007.

外文书目

[1] Helena Attlee. Italian Gardens: A Cultural History [M]. London: Frances
Lincoln, 1988.

[2] Charles. W·Moore.The Poetics of Gardens [M]. Massachusetts Institute
of edition, 1988.

[3] Georgina Masson.Italian Gardens [M]. Kaunas: ACC Distribution, 2011.

[4] J.C.Shepherd, G.A.Jellicoe. Italian Gardens of The Renaissance [M]. London:
E.Benn, 1925.

[5] H.Inigo Triggs.The Art of Garden Design in Italy [M]. UK: Schiffer,
2016.

[6] Mariachiara Pozzana. Gardens of Florence and Tuscany [M]. Firenze:
Giunti Editore, 2001.

[7] Maria Adriana Giusti.Villas of Lucca: The Delights of the Countryside [M].

Lucca: Tipografia Tommasi, 2016.

［8］J.C. Shepherd.Sir Geoffrey Jellicoe. Italian Gardens of the Renaissance [M].
New York: Princeton Architectural Press, 1996.

［9］John Dixon Hunt.The Italian garden : Art, Design and Culture [M]. Uk:
Cambridge University, 1996.

［10］Clarke. Ethne. An Infinity of Graces: Cecil Ross Pinsent. An English
Architect in the Italian Landscape [M]. New York: W. W. Norton &
Company, 2013.

［11］Jill Burke. Changing Patrons: social identity and the visual arts in
Renaissance Florence [M]. Philadelphia, 2004.

［12］Georges Tyssot. The History of Garden Design: The Western Tradition
from the Renaissance [M]. London: Thames&Hudson, 2000.

［13］Germain Bazin. Baroque and Rococo [M]. Singapore: Singapore Thames
and hudson, 1996.

［14］Judith Chatfield. The Classic Italian garden [M]. New York: Rizzoli, 1991.

［15］Pliny. The Letters of the Younger Pliny [M]. Maryland: Wildside Press
LLC, 2008.

［16］Judith Chatfield. Gardens of the Italian Lakes [M]. New York: Rizzoli,
1992.

［17］Clemens Steenbergen, Wouter Reh.Architecture and landscape: the
design experiment of the great European gardens and landscapes [M].
Netherlands: THOTH Publishers, 2003.

［18］Charles Latham's.Gardens of Italy-From the Archives of Country Life
[M]. Aurum Press Limited, 2009.

［19］Mary Beagon. Roman nature: the thought of Pliny the Elder [M]. Oxford:
Clarendon Press, 1992.

［20］Hartswick, Kim J. The Gardens of Sallust:a changing landscape [M].
Austin: University of Texas Press, 2004.

［21］Clemens Steenbergen, Wouter Reh. Architecture and Landscape: The
Design Experiment of the Great European Gardens and Landscapes [M].
Netherlands: Birkhauser, 2003.

［22］Elizabeth Boults, Chip Sullivan.Illustrated History of Landscape Design
[M]. Oxford: Wiely, 2010.

［23］Harry Inigo Triggs.The Art of Garden Design in Italy [M]. Pennsylvania:
Schiffer Pub, 2006.

［24］Helena Attlee, Alex Ramsay. Italian Gardens: A Cultural History [M].

London: Frances Lincoln, 2006.

[25] Helena Attlee, Charles Latham. Italian Gardens: Romantic Splendor in the Edwardian Age [M]. New York: The Monacelli Press, 2009.

[26] Jean-Paul Pigeat. Gardens of the World: Two Thousand Years of Garden Design [M]. Paris: Flammarion, 2010.

[27] John C.Shepherd, G.A.Jellicoe. Italian Garden of the Renaissance [M]. New York: Princeton Architectural Press, 1996.

[28] John Dixon Hunt.Gardens and the Picturesque: Studies in the History of Landscape Architecture [M]. Massachusetts: The MIT Press, 1992.

[29] Judith Chatfield.Gardens of the Italian Lakes [M]. New York: Rizzoli, 1992.

[30] Judith Chatfield.The Classic Italian Garden [M]. New York: Rizzoli, 1991.

[31] Michel Conan.Perspectives on Garden Histories [M]. Washington: Dumbarton Oaks, 1999.

[32] Rudolf Wittkower. Art and Architecture in Italy 1600-1750 II : High Baroque [M]. London: Yale University Press, 1999.

[33] Vitruvius Pollio, M.H.Morgan. Ten Books on Architecture [M]. Cambridge: Harvard University Press, 1914.

[34] Christopher Thacker. The History of Gardens [M]. California: University of California Press, 1979.

[35] Frances Ya-sing Tsu. Landscape Design in Chinese Gardens [M]. New York: McGraw-Hill, 1988.

[36] Richard Rosenfeld.Herb Gardens [M]. London: Dorling Kindersley, 1999.

[37] Monique Mosser and Georges Teyssot. The Architecture of Western Gardens[M]. Cambridge, Massachusetts: The MIT Press, 1991.

学位论文

[1] 王瑞睿. 论文艺复兴时期佛罗伦萨城的美第奇家族 [D]. 兰州: 兰州大学, 2009.

[2] 池慧敏. 巴洛克艺术与欧洲园林 [D]. 北京: 北京林业大学, 2006.

[3] 彭雪. 意大利文艺复兴别墅园林声景研究 [D]. 广州: 华南理工大学, 2015.

[4] 田甜. 罗马城区历史别墅园林研究 [D]. 北京: 北京林业大学, 2012.

[5] 滕云. 十八世纪中国古典园林与欧洲古典园林比照研究 [D]. 沈阳: 沈阳农业大学, 2009.

[6] 许丽. 中西园林艺术比较——中西园林艺术观念与手法比较分析[D] 济南:

山东师范大学，2009.

［7］陈涛吉. 苏州私家园林造园思想与艺术风格初探［D］. 济南：山东大学，2007.

［8］王寿俊. 西方园林植物配置与借鉴［D］. 南京：南京林业大学，2011.

［9］李琛. 林泉乐居——明末江南园林美学思想研究［D］. 南京：南京林业大学，2016.

［10］林菁. 法国勒·诺特尔式园林的艺术成就及其对现代风景园林的影响［D］. 北京：北京林业大学，2005.

期刊

［1］田云庆，李云鹏. 托斯卡纳园（一）伽佐尼花园［J］. 园林，2016（01）.

［2］田云庆，李云鹏. 托斯卡纳园林（三）波波利花园［J］. 园林，2016（05）.

［3］田云庆，盛佳红. 托斯卡纳园（四）伊塔提庄［J］. 园林，2016（07）.

［4］田云庆，李云鹏. 托斯卡纳园林（五）托里吉安尼庄园［J］. 园林，2016（09）.

［5］田云庆，盛佳红. 托斯卡纳园（六）曼西庄园［J］. 园林，2016（11）.

［6］田云庆，朱静贤. 托斯卡纳园林（七）雷阿莱庄园［J］. 园林，2016（12）.

［7］田云庆，李云鹏. 拉齐奥园林（二）哈德良山庄［J］. 园林，2017（02）.

［8］王颖. 现代景观设计的发展趋势研究［J］. 大舞台，2015（03）.

［9］俞孔坚，吉庆萍. 国际"城市美化运动"之于中国的教训——渊源，内涵与蔓延［J］. 中国园林，2000（01）.

致谢

托斯卡纳对于还未读博时的我来说是一个陌生的名字，在跟随导师前往意大利考察之后便被它美丽的风光、优美的庄园深深吸引。此后，通过大量的阅读相关论著和原版书籍后，确定作为自己研究的方向。

在论文完结之际，衷心感谢导师田云庆教授在博士学习生活中对我悉心培养和鼓励指导，您将我带进了景观设计中的新世界，不仅给我提供了良好的学习环境，还通过设计实践项目促进我的提高。田老师在学术领域的严谨、设计上的创新、对事物的敏锐观察以及对工作的勤勉态度一直深深地影响着我，不断激励着我砥砺前行，是我终身受益的宝贵财富。本文在撰写过程中，田老师提出了许多中肯的意见和宝贵的资料，大大扩展我的视野和写作思路，消除了许多令我困扰的难题，更鼓舞了我不断进取的学习热情。

感谢佛罗伦萨大学建筑学院景观系朱碧教授（Maria Concetta Zoppi）对论文的章节和框架进行指导，使整个章节更加完整。感谢一起陪伴、相互鼓励完成设计项目的同学们对我学习期间的照顾与关怀，在整个写作过程中给我提出的建议和指导。感谢研究生宿舍P1楼的兄弟们，是你们在我失落低沉的时候不断为我打气，让我重新选择坚强。愿我们继续一起奋斗，不断前行，友谊天长地久。

此外，感谢一直默默支持我完成学业的父母，是你们让我每时每刻都感受到家庭的温暖。特别感谢我的妻子，考上博士那年孩子才一岁，转眼3年时间，孩子已经进入幼儿园了，是你在无数次最需要我的时刻选择坚强，独自肩负起家庭重担。谢谢你们对我的宽容与谅解，无微不至的关心和照顾，是你们的无私奉献为我提供了安静的读书环境，为我点亮前行的明灯。

最后，由衷感谢各位论文答辩委员会的评审老师，感谢你们提出的宝贵意见和建议，能够使论文更加完善、更具深度。

在此谨向你们表达最诚挚的谢意及祝福！

2018年3月于上海宝山

图书在版编目（CIP）数据

意大利托斯卡纳园林艺术 = The Research of the
Gardens in Tuscany Italy / 李云鹏著. —北京：中
国建筑工业出版社，2020.6
上海市设计学Ⅳ类高峰学科资助项目 项目名称：意
大利托斯卡纳园林艺术 编号：1400121003/056（子项目）
ISBN 978-7-112-24961-9

Ⅰ. ①意… Ⅱ. ①李… Ⅲ. ①园林艺术-研究-意大
利 Ⅳ. ①TU986.654.6

中国版本图书馆CIP数据核字（2020）第041305号

本书主要研究对象是14世纪初至20世纪初的意大利托斯卡纳园林，探索意大利园林在文艺复兴时期的政权更迭和社会变革下所经历的变化过程。通过对古罗马时期、中世纪时期园林发展演变的回顾，将托斯卡纳园林按照文艺复兴初期、文艺复兴盛期、文艺复兴后期的时间顺序展开。依据地理范围分为以佛罗伦萨、卢卡、锡耶纳3座城市为中心的区域，并对区域内园林的空间类型、布局特点、造园要素等方面进行分析研究。对托斯卡纳园林的空间组成要素、造园手法、美学思想等的解读，归纳总结出园林景观要素——植物、水体、雕塑的特征与内涵，清晰地展现出托斯卡纳园林艺术的特征。

全书可供广大风景园林设计师、高等院校风景园林专业师生、园林艺术爱好者等学习参考。

责任编辑：吴宇江
书籍设计：张悟静
责任校对：王 烨

意大利托斯卡纳园林艺术
The Research of the Gardens in Tuscany Italy
李云鹏 著

*
中国建筑工业出版社出版、发行（北京海淀三里河路9号）
各地新华书店、建筑书店经销
北京锋尚制版有限公司制版
北京中科印刷有限公司印刷
*
开本：787毫米×1092毫米 1/16 印张：17 字数：410千字
2021年1月第一版 2021年1月第一次印刷
定价：**68.00**元
ISBN 978 - 7 - 112 - 24961 - 9
（35718）